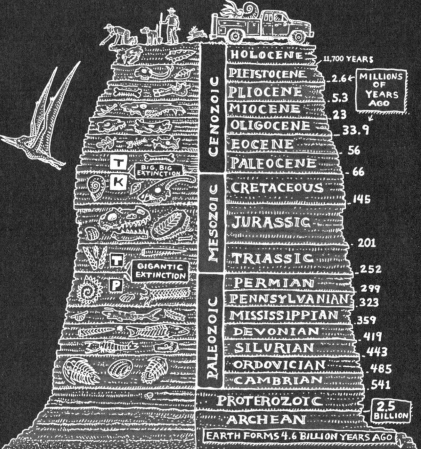

HOLOCENE — 11,700 YEARS

PLEISTOCENE — 2.6 ←

MILLIONS OF YEARS AGO

CENOZOIC

PLIOCENE — 5.3

MIOCENE — 23

OLIGOCENE — 33.9

EOCENE — 56

PALEOCENE — 66

T K — BIG, BIG EXTINCTION

CRETACEOUS — 145

MESOZOIC

JURASSIC — 201

TRIASSIC — 252

T P — GIGANTIC EXTINCTION

PERMIAN — 299

PENNSYLVANIAN — 323

PALEOZOIC

MISSISSIPPIAN — 359

DEVONIAN — 419

SILURIAN — 443

ORDOVICIAN — 485

CAMBRIAN — 541

PROTEROZOIC

ARCHEAN

2.5 BILLION

EARTH FORMS 4.6 BILLION YEARS AGO

探索隐藏在
50件化石中的
动物故事

Animal Behavior Unearthed
in 50 Extraordinary Fossils

Locked in Time

尘封在

时间里的

[英]迪安·洛马克斯
(Dean R. Lomax)
/ 著

[英]鲍勃·尼科尔斯
(Bob Nicholls)
/ 插画

张玉亮
/ 译

邢立达
/ 主审

中国出版集团
中译出版社

LOCKED IN TIME: Animal Behavior Unearthed in 50 Extraordinary Fossils
by Dean R. Lomax and Illustrated by Bob Nicholls
Text © 2021 Dean R. Lomax
Illustrations and photographs © 2021 Robert Nicholls
Chinese Simplified translation copyright © 2023 by China Translation & Publishing House
Published by arrangement with Columbia University Press through
Bardon–Chinese Media Agency 博達著作權代理有限公司
ALL RIGHTS RESERVED
著作权合同登记号：图字 01-2023-3701 号

图书在版编目（CIP）数据

尘封在时间里的生命：探索隐藏在 50 件化石中的动
物故事 / (英) 迪安·洛马克斯著；(英) 鲍勃·尼科尔
斯绘；张玉亮译 . -- 北京：中译出版社，2023.11
书名原文：Locked in time
ISBN 978-7-5001-7493-6

Ⅰ . ①尘… Ⅱ . ①迪… ②鲍… ③张… Ⅲ . ①古动物
—动物化石—普及读物 Ⅳ . ① Q915.2-49

中国国家版本馆 CIP 数据核字 (2023) 第 156625 号

尘封在时间里的生命：探索隐藏在 50 件化石中的动物故事
CHENFENG ZAI SHIJIAN LI DE SHENGMING: TANSUO YINCANG ZAI 50 JIAN HUASHI ZHONG DE DONGWU GUSHI

出版发行 / 中译出版社
地　　址 / 北京市西城区新街口外大街 28 号普天德胜大厦主楼 4 层
电　　话 / 010-68003527
邮　　编 / 100088
策划编辑 / 张　旭
特约策划 / 张　晴
责任编辑 / 张　旭　王　滢
特约编辑 / 张亚轩　户潇倩
封面设计 / 黄　浩
排　　版 / 冯　兴
印　　刷 / 北京盛通印刷股份有限公司
经　　销 / 新华书店
规　　格 / 880 mm×1230 mm　1/32
印　　张 / 8.875
字　　数 / 190 千字
版　　次 / 2023 年 11 月第 1 版
印　　次 / 2023 年 11 月第 1 次

ISBN 978-7-5001-7493-6　定价：79.00 元

亲爱的中国的读者朋友们：

感谢你们购买我的书。我敢肯定它将改变你们对史前动物的看法。自从写了这本书以来，作为一名古生物学家，我忙碌的生活中发生了许多事情。我不仅在冰天雪地的巴塔哥尼亚寻找"海龙"化石，还带头发掘了英国古生物学历史上最伟大的发现之——"拉特兰海龙"（Rutland Sea Dragon）。

2022年，有惊人消息传出，在英格兰东米德兰兹地区的拉特兰发现了一具几乎完整的、长达10米的鱼龙骨架。你们很有可能读到过关于这一发现的报道，甚至看到过我趴在这具史诗般的骨架旁边的照片。不管怎么说，这一发现确实非同凡响，因为它是英国迄今为止发现的最完整的大型史前爬行动物骨架。此外，你们中的一些化石迷应该知道，鱼龙的故事始于200多年前的英国，当时有一位杰出的古生物学先驱名叫玛丽·安宁（Mary Anning）。在我长达15年的古生物学家生涯中，我一直追随着玛丽的脚步，研究她发现的每一条鱼龙，甚至在这个过程中以她的名字命名了一个新物种——安宁鱼龙（Ichthyosaurus anningae）。拉特兰海龙是由业余爱好者乔·戴维斯（Joe Davis）发现的，这说明任何人都可以做出了不起的发现。因此，读者朋友们，请永远不要停止探索。

谨致问候！

迪安·洛马克斯（Dean Lomax）博士

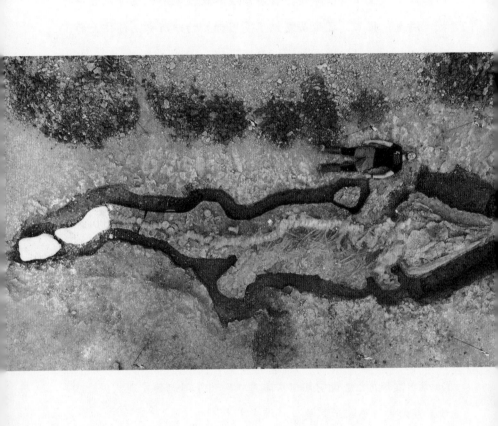

献给我亲爱的妈妈安妮·洛马克斯（Anne Lomax）

谢谢您对我人生道路上每一步给予的支持

前言　打开史前世界的大门

还记得你第一次看到恐龙骨架的样子吗？头向后仰着，眼睛瞪得大大的，不由自主地发出一声惊叹："哇！"对于许多人来说，直面一个令人生畏，只剩下骨骼和牙齿的庞然大物，一个在当今世界已然绝迹的动物，难免会产生强烈的惊奇感与兴奋感。

你有没有思考过，恐龙和其他史前动物的日常生活是什么样的？它们吃什么？是否会生病？繁殖方式是产卵还是直接生下幼崽？如何照顾后代？这些问题看似简单，可是对于研究化石的古生物学家而言，寻找这些问题的答案是一项艰巨而复杂的挑战。有些意义非凡的化石直接记录了这些生物的行为，捕捉到了那些早已灭绝的物种生命中的某一时刻。它们是迄今发现的所有化石中最为迷人、最令人敬畏、也是最特别的宝藏。

这些最罕见的化石不仅保存了生物体的样貌或残骸，还能让我们得以详细了解史前动物真实的生活方式。尽管有些隐晦，但这些发现为古生物学家提供了所有（或大部分）信息，能够对动物生前或死亡时发生的事件给出可靠解读。

举个例子：在几乎所有关于恐龙的电影或电视剧中，高潮部分都是一场史前大战。实际上，在科学文献中，只有一个案例提到一对恐龙相搏致死（还有另一对明显有过搏斗迹象的恐龙，但尚未正式展开研究）。但这并不意味着搏斗行为在恐龙或其他史前动物中很少见，只是表明化石极难保存这些发生在瞬间的行为。想想看，两只恐龙在搏斗中死亡，又被困住并埋葬在一起，它们的尸身不仅完整而且还保存至今，搏斗的姿态亘古未变——这个概率是多么渺茫。因为化石很容易遭受侵蚀而后永远消失，所以古生物学家若能在数百万年后还能看到它们搏斗的状态，是着实弥足珍贵、幸运至极的。

尽管恐龙是已知的史前生命中的一小部分，但许多人认为它们是通往古生物学和一般意义上的科学研究的大门。这本书收录了一些令人叹为观止的恐龙化石，它们将为我们讲述一段段独特的故事——如恐龙的育儿经和应对疾病的方法。除此之外，本书还收录了其他动物群体的精美化石。这些动物的故事可以追溯到数亿年前。你将目睹永存的生物交配仪式、揭开巨大的鲨鱼"育儿所"的神秘面纱、捕捉远洋爬行动物分娩的神奇时刻，还能看到更多奇特的化石。

本书将用 50 个故事带你在时间长河深处开启一段环球之旅。鲍勃·尼科尔斯（Bob Nicholls）为本书创作了许多精美插图，每件化石都有配图，为这些激动人心的真实故事和动物画龙点睛。所有的插图都基于化石中的每个故事而绘制。最重要的是，插图是以可靠的事实证据和科学研究为基础，所有细节绘制科学而准确，并非凭空想象。

化石不只是没有生命的物件，化石还是时间胶囊，让我们深入探究一个已经消失的世界，一个难以辨认但又如此熟悉的世界。化石提供的不仅仅是事实和数据，还展现了现生生物的典型行为，它们的演化起源可以追溯到很久之前。下面的故事和插图将展示时间的快照，从中我们可以学会欣赏那些动物，它们曾真实存在于这个世界。这就是它们的故事——尘封在时间里的生命。

尘封的旧化石

如今，古生物学正处于探索发现的黄金期，新发现纷至沓来。无论是来自亚洲拥有彩色羽毛的新恐龙品种、南美洲1.2万年前哺乳动物的 DNA 研究，还是对非洲的早期人类灭绝物种鉴定，这些新奇、伟大的发现引起了许多人的兴趣。在当今世界，我们可以轻而易举地获取新知识，古生物学从未如此平易近人。

正是因为这些发现和媒体报道，有许多孩子痴迷于恐龙和史前事物，我就是其中之一。你应该知道我们这种人，我们总是会不厌其烦地跟所有人讲恐龙的故事。如今，这终于成了我的工作。

我对化石的热情源于 2008 年的怀俄明州之旅，这次旅行对我的职业生涯具有决定性意义。这是我第一次从英国去往美国，也是第一次独自出国旅行。当时，18岁的我卖掉了自己的《星球大战》收藏品（没错，真的是这样！），拿着这笔钱开启了在怀俄明恐龙中心的第一次专业挖掘和研究之旅。怀俄明恐龙中心是一所奇妙的博物馆，位于名字听起来神秘分分的瑟莫波利斯镇。第一天，我参观了博物馆。一块不可思议的化石引起了我的注意：一块大石灰岩上有一些小足迹，仿佛有生物蹑手蹑脚地踩了过去。我跟着这串足迹，不知不觉中发现自己在追溯一个1.5亿年前的死亡现场。

在这条长长的足迹尽头躺着它们的主人——一只侏罗纪时期的未成年鲎。这个小小的节肢动物掉进了有毒的潟湖，仰面着地，一步步走向因缺氧窒息而导致的死亡。这个时刻被永远地保存在了化石里，这一幕深深震撼了我，改变了我对化石的看法。

更让人兴奋的是，我了解到还没有人研究过这件化石。所以我抓住了这个研究机会，与当时博物馆的古生物学家克里斯·拉凯（Chris Racay）合作研究了该化石。几年后，我们的研究成果在同行评审刊上正式发表。当时的我年轻好学，这个机遇可谓天时地利人和。显然我的运气比那只鲎好得多。

从此，我迷上了那些隐藏有独特的动物行为故事的化石。也正是这块化石让我有了写这本书的想法。本书展示了史前动物的故事，绝对震撼。

化石中记录的行为

动物的行为丰富多样，充满戏剧性，有时还会展现出奇特的一面，可以说是自然界中最有趣的课题。无论是老鹰俯冲抢夺猎物，还是角蜥用眼睛喷出血液自卫，又或是狐猴将千足虫的分泌物作为储备药品，动物王国已经演化出了极其复杂多样的行为体系。

在化石研究中，最令人沮丧的莫过于知道该物种已经灭绝，永远无法看到这种生命鲜活的模样。这种感觉很奇怪。想想天文学家和观星者，他们可以观测、研究行星和恒星，并知道自己永远无法踏上那些星球。从化石中了解与推断动物行为，虽然这令人神往，但也是古生物学家所面临的最艰巨、最具挑战性的任务。

掌握直接证据，例如正在进食最后一餐，或者牙齿嵌入骨骼的动物化石，是确定史前物种特定类型行为的唯一途径。可以通过与其现存的近亲和/或类似物种进行细致、全面的比较来进一步探究。在某些情况下，即使已灭绝物种存在现生亲属，与类似物种进行对比也更为合适。例如鸟类是唯一存活至今的恐龙，但这并不意味着知更鸟是最接近梁龙的物种，因为它们的身体结构和生活方式完全不同。就像没有人会仅仅因为松鼠和蓝鲸都是哺乳动物，而对它们的行为进行比较。在现代生态系统中，直接实时地研究动物的行为（动物行为学），为古生物学家解释化石中的行为（古生物学）提供了必要的平台，进而揭示物种与环境之间古老的相互作用（古生态学）中的重要信息。

本书对于化石及其中动物行为的辨识和解释，都是基于古生物学家的详细调查。在某些案例中，我也检查或研究了这些标本。我们不断地发现更多的化石，并且进行更深入的研究。在这个过程中可能会涌现出新的证据，从而可能会引出其他推理解释，并改变对依据现有化石所推断出的动物行为的看法。这正是科学的奇妙之处。

在大量的文献中寻找那些保存了动物行为证据的特殊化石，这于我而言是件趣事。有很多研究项目致力于研究化石的行为，特别是以琥珀（一种特别的化石，能较好地保存下动物的行为互动）为研究对象。出于以上原因，也是为了讲好这50件化石和它们的故事，我精挑细选了各种各样的化石，用以说明简单和复杂的动物行为。其中许多标本是独一无二的，也有些标本配有多个示例，重点展示了某种常见的动物行为。

希望阅读本书能让你体验到我第一次看到1.5亿年前的鲎的死亡足迹时，那种激动的感觉。这里有离奇的故事，也有人们耳熟能详的故事。但与《侏罗纪公园》有所不同，它们是记录在岩层中的真实故事，讲述者正是那些早已灭绝的动物自己。

目　录

第 1 章　史前动物的繁殖

　　宽足袋鼩是澳大利亚特有的一种有袋类动物，体型与老鼠相近。对于雄性宽足袋鼩而言，繁殖季节是生命中的一个特殊时段。这种动物在不到一岁时就会突然丧失生精能力。因此，不管它们体内还有多少"存货"，都是时候"交货"了。在这种生理变化的刺激下，雄性宽足袋鼩会在接下来的几周内痴迷于交配。它们展开了一场"精子竞争"，希望尽可能让更多的雌性受孕，那小小的身体里藏着繁殖的疯狂欲望。它们可以连续交配数小时，直至筋疲力尽。最终，这些能量消耗会严重影响雄性宽足袋鼩的身体机能。它们体内的压力荷尔蒙陡增，导致免疫系统崩溃。它们开始掉毛，因感染而染上重病，甚至出现内出血症状。尽管如此，它们还是不知疲倦地继续交配，直到全部死亡。死于频繁交配是每只雄性宽足袋鼩的宿命（这绝对称得上是一种轰轰烈烈的赴死方式。）这种行为被称为自杀式繁殖，或者用生物学术语来说，是终生一胎。这些小型哺乳动物为了繁殖付出了生命的代价。

　　演化导致了如此奇特夸张的繁殖行为，也反映出地球上生命的多样性和复杂性。毕竟，地球上的生物都是繁殖行为的直接结果，这是生命过程中的基本环节。简单来说，一个物种不繁殖便会灭绝，没有什么能够永生。但从某种角度来看，繁殖能力像是欺骗死神的把戏。个体可以留下基因遗产，将自己独特的性状传给下一代，这无意中推动了该物种的延续。

生物体可以通过无性繁殖或有性繁殖产生后代。

无性繁殖是不通过受精产生后代的繁殖方式，只需单个亲代即可产生多个与其基因相同的后代（克隆体）。无性繁殖是那些不可移动的生物体的理想选择。这种繁殖方式简单快捷，所需的能量很少，常见于珊瑚、海绵、植物和昆虫等多个物种。但鱼类或爬行动物很少进行无性繁殖，也没有哺乳动物会进行无性繁殖。

有性繁殖是通过受精产生后代的繁殖方式，需要雌雄性个体共同创造有繁殖能力的后代。有性繁殖又分为体内受精和体外受精。哺乳动物是体内受精（性器官结合）。雌性鲑鱼将其卵子排放到水中（产卵），等待雄性鲑鱼排放精子并使卵子受精，这是体外受精。有性繁殖的过程更加耗时，需要雌性和雄性个体共同参与，并可能需要耗费巨大的精力。比如我们人类，寻找合适的伴侣时就需要投入大量精力。尽管如此，性行为导致了变异和具有独特基因的后代，这些后代的基因是其父母基因的重组。基因重组使得其后代更加强壮，也更容易生存和繁衍。

大多数物种采用单一的繁殖方式，但有些生物体有能力以两种方式进行繁殖。这在脊椎动物中很少见，但许多无脊椎动物，如蚯蚓和蜗牛，同时拥有雄性和雌性的生殖器官（它们都是雌雄同体的动物），而且许多都能自体受精。不过通常情况下，它们还是会进行有性繁殖。一些鱼类也是雌雄同体，如小丑鱼，它们出生时是雄性，之后可以转为雌性，因此能够进行有性繁殖。

对于现生动物而言，想要确定个体的性别很容易，不一定要通过性器官辨识。许多动物具有区分雄性和雌性的外部特征，被称为性别二态性。这些差异有时十分招摇，通常在雄性身上最为明显。例如雄狮有鬃毛，大多数种类的雄鹿有鹿角，雄孔雀有花纹繁杂、色彩艳丽的尾巴（尾羽）。在一些物种中是雌性展现出这样的特征。比如瓣蹼鹬，这种滨鸟的雌鸟体型比雄鸟大，婚羽更鲜艳。性别二态性不仅可以区分性别，而且在展示、支配和竞争方面也发挥着特殊的作用。这是由性选择驱动的，是达尔文自然选择的一种形式。在性选择驱动下，性特征有助于个体成功找到配偶、进行繁殖。每个物种都有自己进行（或尝试进行）性行为和基因传递的方式。其中一些行为，如通过跳舞打动异性、建造最好的巢穴、准备礼物等可能都经过精心的设计，极其复杂，甚至可能赔上性命（如宽足袋鼩的"精子竞争"）。生物体有如此巨大的多样性，演化出了丰富的生殖策略，每种策略都对一个物种的延续意义重大。

那么化石的意义呢？为什么化石和性行为很少被放在一起讨论？

如果没有过去数亿年的成功繁殖，你现在就无法读到这本书。这个道理看起来很奇怪，或者说是显而易见。不妨想想，你和地球上的所有生物都是史前繁殖的间接产物，是早已灭绝的祖先们 DNA 延续的结晶。数以亿计的个体必须在出生、疾病、掠食和自然灾害等重重难关中存活下来，才能达到性成熟，并找到配偶进行繁殖。一代又一代，一个又一个新物种，它们的 DNA 在你的血管里流动。无论是森林中的植物还是空中飞翔的鸟类，所有生物的演化起源都有迹可循。

然而，我们应该如何从化石中学习繁殖的知识？又能学到什么？引用某部大片的原著恐龙小说中的句子："有没有人出去，呃，掀开恐龙的裙子看一看？我是说，我们怎么确定恐龙的性别？"

这是个好问题。通常情况下，化石保存下来的只是动物身上的硬组织（如骨头和牙齿）。那些保存了软组织的化石，很少能提供任何关于性别或其生殖策略的信息。因此，除了有证据的推测，还能找到更多信息吗？

在史前动物似乎不会留下繁殖行为证据的情况下，这是一个值得深究的好问题。不过我们可以求助于功能形态学，这是一门研究生物体结构与身体器官功能之间关系的学科。研究形态和功能可能会帮助我们回答关于史前生物及其生活的问题。虽然存在明显的局限性，但我们可以用跟这些史前生物属于同一动物群的现生动物（假如还能找到的话）模拟已灭绝生物体的繁殖策略。

当掌握了繁殖的证据后，又该怎么办呢？本章将揭示繁殖

4

及相关行为演化过程中的重要步骤：交配与怀孕，包括化石中保存下来正在交配的生物体以及有怀孕迹象的生物体，从时间的长河中捕捉那些特殊亲密的时刻，让你大开眼界。

鱼母

人类与四足脊椎动物（包括蛇等后来四肢退化的脊椎动物）有共同的祖先，这可以追溯到 4 亿多年前。这个共同的祖先是鱼。从演化的角度来看，人类也是鱼类。尼尔·舒宾（Neil Shubin）在《你体内的鱼》这部纪录片中完美地讲述了人类以及四足动物如何在数亿年中演化的故事，这是一场最为非凡的演化之旅。然而，这些早期鱼类的繁殖行为缺乏直接证据。直到 2005 年，一件非同寻常的化石出土，才让这种情况发生了改变。

为了寻找鱼类化石，著名专家约翰·朗（John Long）前往西澳大利亚金伯利地区的 Gogo 化石点，进行寻找化石之旅。大约 3.8 亿年前，也就是泥盆纪时期，这里是澳大利亚的初代大堡礁所在的浅海。和当代珊瑚礁一样，古老的珊瑚礁也是各种奇妙生物的家园。珊瑚礁有着独特的化石保存方式，尤其是可以保留鱼的立体原貌。这些化石存在于"Gogo 结核化石点"中，如果幸运的话，敲开这些圆形的石灰岩结核，就会发现里面的化石。

2005 年 7 月 7 日，这算得上人类历史上最幸运的一天。朗的朋友林赛·哈奇（Lindsay Hatcher）陪同他踏上了这段旅程。哈奇捡到一个结核，照例用锤子敲一下便发现了宝藏。他拿给约翰看，确认这是一种已灭绝的"身披铠甲"的盾皮鱼化石。但他无法进行更具体的鉴定，因为这条鱼的大部分身体都被周围的岩石掩埋了。于是他们小心翼翼地将化石包裹起来，运往位于珀斯的西澳大利亚博物馆实验室清理岩石。当时，这条盾皮鱼身上的神秘面纱尚未揭开，这对搭档还不知道自己的发现具有多么重大的意义。

Gogo 化石点的盾皮鱼世界闻名。人们在世界各地发现了300 余种形状、大小各异的盾皮鱼化石。它们是最早的一种有颌鱼类，有成对的附器（鳍），其中一些长出了牙齿。这对于帮助我们了解现代脊椎动物的演化发挥了重要作用。研究表明，盾皮鱼可能是人类演化史上的伟大祖先，或是与我们的鱼类祖先相关的一个演化分支。

在 2007 年 11 月，经过两年多的漫长等待，哈奇的化石终于可以进行清理了。由于骨骼质地脆弱，研究人员小心翼翼地用低浓度乙酸溶液（强醋）清理掉了盾皮鱼周围的岩石。酸会侵蚀石灰岩，但不会伤害骨骼，除非浸泡时间过长。清理岩石可能需要几个月的时间，为了加快清理，标本被放置在酸液池中。在准备工作后，研究人员还原出了一个几乎完整的三维骨架，长度约为 15 厘米，保存有头部，甚至还有脑壳。约翰意识到了这块化石的重要性。为了进一步研究，他求助于另一位世界知名专家凯特·特里纳伊斯蒂奇（Kate Trinajstic），她的研究方向是鱼类化石与原始有颌脊椎动物。不但标本保存完好，研究团队还发现这是一个全新的属和种。不过，这条鱼身上最惊人之处仍在等待人类发现。

盾皮鱼的一部分身体仍然被岩石碎片掩埋着。尽管存在潜在风险，研究人员仍决定将化石放回酸液池中再浸泡一次。这一次，新暴露出来的部分展现了不寻常的东西——一具小小的鱼骨架。从解剖学角度看，这与成年盾皮鱼完全吻合。

他们发现了世界上最古老的怀有身孕的脊椎动物化石，比之前最古老的脊椎动物化石早了 1.3 亿多年。对这个小胚胎的进一步检查表明，一条绳状结构缠绕在它周围，并将其与成年雌鱼相连。借助强大的电子显微镜，可以清楚地看到这个结构便是生命之源——一条脐带。这条 3.8 亿年前的脐带是所有化石中保存下来的第一个母体喂养结构。它的位置靠近卵黄囊，甚至可能就在卵黄囊内部。

这条祖先母鱼被命名为艾登堡鱼母（*Materpiscis attenboroughi*）。"*Materpiscis*" 在拉丁语中的意思是"鱼母"，"*attenboroughi*" 则是为了纪念大卫·艾登堡爵士（Sir David Attenborough），他在 1979 年发现了 Gogo 化石点，并用纪录片《地球上的生命》记录下来。在确定这是一条怀孕的母鱼后，研究团队希望能够有更多新的发现，他们将注意力转向之前从 Gogo 化石点出土的化石。令人惊喜的是，他们找到了更多怀孕的标本。这些标本属于其他的盾皮鱼物种，其中一个标本体内有 3 个小胚胎，位置与"艾登堡鱼母"的胚胎在鱼母体内的位置相同。

2020年，另一组研究人员发现了一种有别于"艾登堡鱼母"的怀孕盾皮鱼，名为"弗氏沃森鱼"（*Watsonosteus fletti*）。这是从来自苏格兰的3.85亿年前的岩石中采集到的，出现时间比"艾登堡鱼母"更早。因此这块化石夺走了"艾登堡鱼母"的"世界上已知最古老的怀孕脊椎动物化石"的称号。

这些怀有胚胎的鱼化石，足以证明它们是胎生动物（直接产下活的幼崽）。虽然不知道它们的妊娠期有多长，但有一点可以肯定，这是体内受精的结果，它们不会产卵。这意味着这些盾皮鱼有交配行为。早在鸟类或蜜蜂演化之前，盾皮鱼已经掌握了成熟的交配方式。它们是如何做到的呢？要回答这个问题，必须要观察化石保留下来的硬组织。

大多数通过体内受精进行繁殖的鱼类都需要借助其腹鳍或臀鳍形成的生殖结构。例如我们可以通过生殖结构区分鲨鱼等软骨鱼的性别，因为雄性拥有用于交配的器官，类似阴茎的交配突。一些盾皮鱼也有这种性别二态性结构，可以区分雄性和雌性。最早的例子，也是我们掌握的最古老的性器官交配证据来自小肢鱼（*Microbrachius dicki*），它们仅有现代人类拇指大小，约3.85亿年的历史。它们名字里的"*dicki*"不过是一个有趣的巧合（俚语中，dicki有"阴茎"之意），因为它们是以第一批化石的发现者罗伯特·迪克（Robert Dick）的名字命名。目前小肢鱼标本有很多，出土地包括爱沙尼亚和中国等，但大多数来自苏格兰。根据这些标本

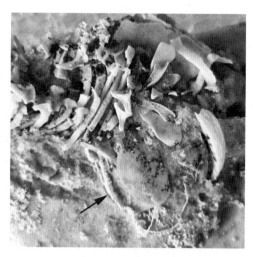

图片由来自弗林德斯大学的约翰·朗（John Long）提供

图 1.1 怀孕的艾登堡鱼母特写

其中有胚胎和绳状脐带的碎片（由箭头标识）。

图片由来自弗林德斯大学的约翰·朗（John Long）提供

图 1.2 雄性（左）和雌性（右）小肢鱼

雄性有类似阴茎的交合突，雌性则有成对的生殖板。

（A）胸鳍；（C）交合突；（G）生殖板；（H）头。

图 1.3　爱的纠缠

图中央是一对正在交配的小肢鱼，雄性在右，雌性在左，
背景中的一只雌鱼正在分娩。

来看，雄性有巨大而明显的钩状骨质交配突，雌性则有成对的刀状生殖板。一个来自爱沙尼亚的标本上甚至出现了一条雄鱼的交配突与雌鱼的生殖板相连的景象。在交配过程中，这些动物并排游动，它们的硬质胸鳍交错在一起，雄性会将其交配突的尖端插入雌性的泄殖腔，生殖板将它固定住，以方便输送精子。

人们一直认为盾皮鱼等原始鱼类，采取的是体外受精的原始繁殖方式。然而，这些保存下来的骨质性器官以及怀孕迹象，都表明这些原始鱼类属于第一批进行交配和生育幼崽的脊椎动物。

恐龙的求偶舞蹈

鸟类就是恐龙。从蜂鸟到火鸡，从鹈鹕到鸸鹋，世界上有一万多种现生鸟类，它们都是恐龙。确切地说，鸟类是兽脚类恐龙。它们的骨骼解剖学特征相似，都身披羽毛。它们的直接行为类似，如育雏等，这些特征都将鸟类和兽脚类恐龙联系在一起。现在有证据表明，一些兽脚类恐龙会通过"跳舞"来吸引异性。

事实上，这种舞蹈是一种被称为"求偶"的行为，如今许多生活在陆地上的鸟类都保留了这种行为。在繁殖季节期间或之前，雄鸟通常成群结队进行精彩的表演。通过激昂的鸣叫、丝滑的舞步以及羽毛展示，雄鸟争先恐后地吸引旁观的雌鸟的目光。不仅如此，雄鸟还会重点展示自己的筑巢能力。它们用爪子刮抓泥沙向雌鸟发出信号，表明自己很强壮，有能力搭建它们的巢穴。

在科罗拉多州的 4 个地方，都发现了直径达 2 米、距今 1 亿年至 1.45 亿年（白垩纪）的巨大刮痕化石。这些带有刮痕的化石不是在某次挖掘中集中出现，而是出现在多个标本上。在其中一个长达 50 米、宽 15 米的化石点内发现了 60 多处不同的刮痕。虽然每处化石点都因恐龙足迹而闻名，但直到 2016 年，这些化石刮痕才被确认为恐龙足迹并有了正式文字记载。其中一些刮痕是在著名的美国国家自然地标恐龙岭（又称"恐龙高速公路"）发现的。那里于 1937 年首次发现了恐龙足迹。

虽然刮痕的大小、深度和分布各不相同，但大多数是由双足的多爪刮出的两条平行的沟。其中一些刮痕，展现了三趾兽脚类恐龙足迹的完整轮廓。根据足迹的长度，可以估算出这些动物的身长为 2.5—5 米。遗憾的是，现场没有发现造成这些痕迹的兽脚类恐龙的骨骼。但在这种特殊的岩层（达科他砂岩）中，能保存下来身体化石已实属罕见。

恐龙会跳舞，这种设想画面感十足。这些刮痕被质疑是恐龙求偶表演造成的，恐龙足迹学者马丁·洛克利（Martin Lockley）领导的研究小组势必要攻克的，正是这个课题。

研究人员在检查痕迹的过程中考虑了是否有其他的可能性。例如这些地方是不是恐龙巢穴、群居地，或者是恐龙挖掘食物、寻找水源、庇护所时留下了这些痕迹。然而，研究人员找不到恐龙蛋或蛋壳作为证据，也没有找到任何证明这些地点是恐龙

图片由马丁·洛克利（Martin Lockley）提供

图 1.4　科罗拉多州三角洲县鲁比多溪，大型兽脚类恐龙留下的几个明显刮痕

研究人员肯·卡特（Ken Cart，左下）和

杰森·马丁（Jason Martin，右上）与刮痕的对比。

图片由小马尔科姆·比德尔（Malcolm Bedell Jr.）提供

图 1.5

作者（左）和古生物学家罗·泰勒（Lou Taylor，右）

在科罗拉多州莫里森市著名的恐龙岭遗址查看巨大刮痕。

图 1.6　围观的雌性恐龙

多只大型兽脚类恐龙正在进行激烈的舞蹈比赛，向正在观看的雌性求爱。目前具体是哪个物种制造了这些刮痕尚不明晰，大概率是高棘龙（Acrocanthosaurus）或类似物种（图中所绘为一种有可能制造刮痕的物种）。

筑巢地点的典型线索。地质学证据表明，这个时期的环境非常潮湿，找到水源似乎并非难事。兽脚类恐龙可能会挖掘食物，或者是脚下的小动物。这个猜测似乎很合理，但没有证据表明附近有洞穴，也没有任何迹象表明周围埋有动物尸体。

相反，这些白垩纪时期的化石点，是多种雄性兽脚类恐龙大规模进行求偶表演的舞台。它们可能进行季节性的活动，聚集在一起卖弄筑巢能力，通过竞争激烈的求偶表演吸引围观的雌性。选择好配偶后，它们就会跟现生鸟类一样在附近筑巢。但是，目前尚未发现它们繁殖或筑巢的地点，或许未被保存下来。兽脚类恐龙留下的刮痕，是第一个将恐龙交配行为与现生鸟类直接联系起来的证据。在这里，我们不禁好奇，在这种求偶仪式中，大型兽脚类恐龙会发出什么样的声音？进行怎样壮观的表演呢？

死亡孕育的生命：鱼龙腹中的胎儿

数亿年来，鱼类是海洋中唯一的脊椎动物。在盾皮鱼出现很久之后，在大白鲨或虎鲸出现之前，一群陆地爬行动物首次进入海洋，最终取代了鱼类成为海洋的顶级掠食者。从三叠纪开始，到白垩纪结束，它们在海洋中称霸了1.8亿多年。海洋爬行动物必须克服水中的各种障碍，最大的障碍莫过于生育后代并生存下来。鱼龙（学名"Ichthyosaur"，源于希腊语，意为"鱼蜥蜴"）是最早有化石证据记录繁殖方式的海洋爬行动物。

不同于媒体的宣传，鱼龙不是会游泳的恐龙。鱼龙与恐龙不同，它们有鳍状肢体并且只生活在水中。这群令人着迷的爬行动物，在化石记录中比恐龙早出现了近 2000 万年。鱼龙是第一批被科学界注意到的大型灭绝爬行动物，这主要是古生物学家玛丽·安宁（Mary Anning）的功劳。她出生于英国多塞特郡的莱姆里杰斯，是乔治王时代后期到维多利亚时代早期的古生物学家，收集了成百上千件标本。鱼龙被命名的时间至少比"恐龙"一词的出现早了 20 年。根据分析骨骼解剖学特征，可以知道它们是由早期的陆地祖先演化而来的，但这种陆地祖先是什么动物尚未可知。鱼龙拥有长长的嘴和流线型的身体，看起来像是鲨鱼和海豚的远古杂交体。一些更早年代的鱼龙体型小，形态原始，类似于带脚蹼的蜥蜴。还有一些鱼龙的大小和形状与当代蓝鲸相似。

鱼龙是爬行动物，它们的鳍与海龟的鳍看起来很像，因此人们推测鱼龙也一定要上岸产蛋。但是，它们的身体外形已经进行了高度演化，能很好地适应海洋环境，所以它们似乎不可能离开海洋。那么，它们如何繁衍后代？是像两栖动物一样在水中产蛋？还是直接生下幼崽？鱼龙是海洋中最早的、得以成功繁衍的大型爬行动物，在全球范围内发现了数以万计的化石，因此，揭开它们繁殖策略背后的谜团，便能获得原始爬行动物是如何适应水中生活的这一关键信息。

在 200 多年前，人类掌握了解开这个谜团的第一条线索，首次发现一条鱼龙的肋骨之间夹杂着几具小骨架。这些发现大多来自德国霍尔茨明登县附近的几个侏罗纪化石点。大鱼龙的体内有小鱼龙，有人据此推测这些动物同类相食，认为它们是"食龙族"。这一说法看起来似乎相当有说服力。起初，人们普遍接受了这种观点。但随着越来越多的鱼龙化石肋骨内都发现有多具小骨架，有些甚至超过 10 具，人们开始对此观点产生异议。

1846 年，英国富豪约瑟夫·查宁·皮尔斯（Joseph Chaning Pearce），一个化石藏品众多的收藏家，研究了他从萨默塞特的一个小村庄收集到的鱼龙骨架，有了一个重大的发现。作为研究的一部分，我有幸研究过这个标本，它现如今在伦敦自然历史博物馆展出。皮尔斯在鱼龙化石腰带区域的肋骨末端，发现了一具几乎完整的微小骨架。这个微小骨架的位置离胃部区域太远，因此不可能是这条鱼龙的最后一餐。这是能证明鱼龙为胎生动物的关键证据。如若无误，这会是第一个怀孕的爬行动物化石记录。

人们不断地进行研究，争论一直持续到 20 世纪 90 年代。当时两项主要研究得出结论：鱼龙"食龙族"的罪名实为冤枉，这些鱼龙几乎都是怀孕的母鱼龙。

能证明这种观点的证据是，小骨架的骨头没有被胃酸腐蚀，上面也没有任何咬痕，一个体型较大的个体不大可能同时吃掉多个幼崽。这些证据为"怀孕说"提供了有力支持。

如今，在霍尔茨明登县已经发现了 100 多件怀孕的鱼龙化石，它们都是狭翼鱼龙（Stenopterygius）。大多数未出生的胚胎的头部都指向母亲的头部。人们根据这个姿势推测，在狭翼鱼龙分娩时其胚胎通常是尾部先出来，鼻孔最后出来，以防它们溺死，这与海豚和鲸鱼分娩时一样。这一惊人发现证明了"怀孕说"的正确性，粉碎了质疑这些动物非胎生的假设。

霍尔茨明登县的一件鱼龙化石记录下了不幸的一幕：我们看到一只鱼龙怀有四胞胎，其中一个胚胎卡在产道里，只有头还留在母体内。母体很可能在分娩过程中死亡，导致了一尸五命的悲剧。近代在中国东部发现了一件怀有三胞胎的巢湖龙（*Chaohusaurus*）标本，也记录下了同样的悲剧。这一发现令人振奋，因为它来自大约 2.48 亿年前的三叠纪早期，接近已知的鱼龙首次出现的时间。在这个标本中，一个胚胎是以头朝下的出生姿势从母体中出来的，还有一个新生儿在母亲的体外，被一同保存在了化石之中，说明这位巢湖龙妈妈至少已经生下了一个后代。这表明鱼龙的陆地祖先在分娩时很可能是胎儿的头先排出体外。早期的鱼龙也仍然采取胎儿的头先排出体外的

图片由辛迪·豪威尔斯（Cindy Howells）提供

图 1.7　罕见的怀孕鱼龙（四裂狭鳍鱼龙 *S. quadriscissus*）的分娩时刻她的孩子被卡在产道里，3 个胚胎还在肋骨之间。

图 1.8　蓝色海洋中的死亡

大约 1.8 亿年前，在温暖的侏罗纪海域，一只怀孕的狭翼鱼龙在分娩时出现并发症。

分娩模式，后来才演变为了尾部先排出体外。这个特别的标本是世界上最古老的脊椎动物化石，捕捉到了真实的分娩时刻。

化石保存下来的是几亿年前发生的事情，其中记录的时刻成为这些早已灭绝的爬行动物在繁殖生物学上的直接证据。如果没有这些惊人的发现，我们不可能有现在的研究成果。

胎生能力可能是鱼龙繁衍如此成功的主要原因之一。由此看来，胎生有几个优点，其中最明显的是幼崽（总的来说）出生后发育速度很快，几乎马上就能进食、独立生活。例如小鱼龙（我喜欢称之为"鱼龙崽"），刚一出生便全副武装，拥有锥形针一样尖利的牙齿，随时可以大快朵颐。

不过，胎生也存在其局限性，尤其是对母亲的影响极大。母亲必须掠食足够的食物，使胚胎获得充足的营养，这样胎儿才能在出生时发育良好。对于鱼龙妈妈而言，最大的担忧是进行漫长的水下分娩。鱼龙和鲸鱼、海豚一样需要呼吸空气，这意味着如果分娩时间过长，或者出现其他并发症，鱼龙妈妈将不得不返回水面呼吸。这样的话，她将面临被掠食者攻击的危险，甚至会因为在水下停留时间过长而溺亡。鱼龙宝宝出生后需要游到水面上进行第一次呼吸，它们也会面临同样的危险。

由于这些潜在的危险，在海洋中产下幼崽的行为风险极大。但是对于已经灭绝的海洋爬行动物来说，这种繁殖方式是成功的，对于海洋哺乳动物而言也是如此。至于鱼龙，它们是第一批完成这一非凡演化壮举的大型次生性水生动物，这让它们完全融入了海洋生活。

侏罗纪繁殖行为：永远定格的亲热

每时每刻，在海洋、陆地和天空中，动物们都在发生着繁殖行为，将自己的基因传给下一代。想象一下，有个生物繁殖保持了几百万年，科学家们细细研究着，并与世界分享他们的发现，所有人都看得到。这个倒霉的生物，就是在繁殖行为中变成了一块化石。

想要找到正在交配的动物化石似乎是不可能的，能够记录下交配过程的化石极其罕见。因此，只有少数脊椎动物的化石中出现了交配行为，这些交配的动物绝大多数是无脊椎动物，大约有50件标本。它们大多是被困在琥珀中的昆虫，如飞蛾、蚊子、蜜蜂和蚂蚁，被树上渗出的黏性树脂打了个措手不及。最早记录交配过程的是一对沫蝉（froghopper）化石，它们被完好无损地封存在1.65亿年前的侏罗纪岩层中。

沫蝉因面似青蛙、跳跃能力世界第一而得名。这种昆虫体型较小，以树液为食，在世界各地有大约3000个现生种。未成熟的沫蝉（幼虫）又被称为"唾沫虫"，会在植物上留下一种泡沫状的唾液，形成一种泡沫状的茧，在它们吸食植物汁液时起到保护作用。

这对正在交配的沫蝉化石发现于中国东北部的内蒙古道虎沟村。在这里，中侏罗纪的岩层中形成了许多保存极为完好的化石，其中包括1200多只沫蝉化石，每只体长都不到2厘米。

这些化石能够保存良好，要归功于火山爆发，火山灰沉积在附近的湖泊中，动物被冲入湖中并被掩埋起来。

　　这些标本现存于北京首都师范大学生命科学学院庞大的昆虫化石收藏室中，那里有 20 多万件昆虫化石标本。这些沫蝉属于一个已经灭绝的科，是一个新的沫蝉种，遂将其命名为花格原沫蝉（*Anthoscytina perpetua*）。这个名字来自拉丁文的"*perpet*"一词，意思是"永恒的爱"，指它们永远定格在拥抱的这一刻。

图片由首都师范大学任东提供

图 1.9　记录了沫蝉交配瞬间的化石——花格原沫蝉

左边的是雌性沫蝉，右边的是雄性沫蝉。

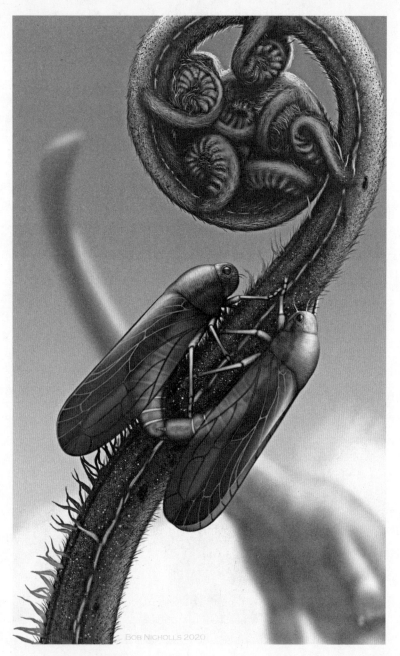

图 1.10　交配中的沫蝉

侏罗纪的一对花格原沫蝉正在交配，

一只巨大的蜥脚类恐龙经过，它们却对此视若无睹。

虽然它们面对面地躺在一起，但真的能确定这对沫蝉正在交配吗？在这1200件化石中，有200件因为有保存完好的雌雄性器官而被挑拣出来。雄性沫蝉有一个长长的、管状的插入器，雌性沫蝉有一个囊状的交配囊。它们的性器官跟哺乳动物的阴茎和阴道不大一样，你只要看了示意图就会明白。（现代沫蝉同样如此，它们也有对称的生殖器。）这对正在交配的爱侣面对面躺着，但最初的姿势很可能是并排躺着，这是现代沫蝉典型的交配姿势，雄性的插入器直接插入雌性的交配囊。在插入器进入的地方，其身体是弯曲的，这表明雄性尾端的几处是灵活的，在交配时可以扭曲，方便插入器进入。

毫无疑问，这块化石中是一对小小的正在交配的沫蝉。它们的生殖器和交配姿势与现代沫蝉别无二致，这表明它们的性行为在1.65亿年中始终没有改变。

怀孕的蛇颈龙

蛇颈龙（Plesiosaur）是最具代表性的史前动物。它们和鱼龙一样，经常不幸地被贴上会游泳的恐龙标签。但蛇颈龙是一群肉食性水生爬行动物，主要生活在海洋，用四个硕大的、像翅膀一样的脚蹼游泳。自200多年前发现它们以来，科研人员和大众都在思考：这些奇妙的动物是如何繁育后代的？它们生活在陆地还是水中？是卵生还是胎生？人们研究了蛇颈龙骨骼的承受能力，特别研究了其不灵活的脚蹼，以及脚蹼与身体脆弱的连接之处。通过这些研究，几乎可以肯定的是蛇颈龙在陆地上寸步难行，因此必须在水中生产。与同时代的鱼龙不同，没有一件标本能为它们的繁殖行为提供确凿的依据。这种情况一直持续到 2011 年。

实际上，将时间节点定在 2011 年并不完全准确，应该追溯到 1987 年。那一年，经验丰富的化石猎人查尔斯·邦纳（Charles Bonner）在自家位于堪萨斯州洛根县的邦纳牧场进行日常徒步。偶然间，他发现了一些从岩层中露出的骨骼化石。查尔斯觉得这可能是什么特别的发现，就和家人一起把这些东西挖了出来。原来这是一块 7800 万年前的蛇颈龙骨骼化石，化石相互关节（大部分骨架都在原位，骨骼依然相连），基本上保存完整。不仅如此，在其肋骨附近还有一具较小的骨架。

洛杉矶县自然历史博物馆的古生物学家们收到消息后十分兴奋。邦纳家族希望科研人员能够对这个发现展开研究，还将其捐赠给博物馆以表诚意。当时，古生物学家们默认这个标本可能是被封存在某处的蛇颈龙母子，这是第一个可以证明蛇颈龙是胎生动物的明确证据。然而，标本仍被埋在一大块岩石中，在清理掉多余的岩石之前，这一假设的准确性还无法得以验证。

在内陆的堪萨斯州发现海洋化石似乎很奇怪。但在白垩纪中后期，一个叫作西部内陆海道的温暖内陆海横跨了现在的美国中西部，将现如今的美国大致一分为二。

时间快进到 21 世纪 10 年代中期，人们计划在洛杉矶县自然历史博物馆创建一个新的古生物展厅，并设置了一个专门展示海洋化石的区域，蛇颈龙化石进入了人们的视线。人们认为不应该让标本在藏品中继续沉睡，而清理、处理这样精致而罕见的化石，需要花费大量的资金。因此，必须寻求资金支持。经过几年技术纯熟、谨慎的准备工作，标本的原貌终于完全展露出来。生物学家们可以在公开展览前进行研究了。

博物馆研究和收藏部门的负责人路易斯·恰普（Luis Chiappe）负责监督标本的清理工作。他意识到这个标本具有重大的科研意义，就联系了西弗吉尼亚州马歇尔大学的古生物学家罗宾·欧基夫（Robin O'Keefe）。欧基夫对蛇颈龙有着多年的研究，是该领域公认的世界顶级专家。二人携手解开了这个标本中蕴藏着的故事。

首先，他们将这具骨架与已知的蛇颈龙物种进行了比较，确定这是一只大型成年短颈蛇颈龙类恐龙——宽鳍双臼椎龙（*Polycotylus latippinus*）。该物种是 1869 年，科学家们在研究一件同样在堪萨斯州出土的碎片标本时，首次发现并命名的。物种鉴定工作结束后，人们将注意力转向其中最重要的部分，那就是疑似胎儿的部分。这个小骨架保存不完整，骨化程度低，许多骨骼已然脱位。这个幼体大约有 60%—65% 的骨骼被保存了下来，包括许多椎骨、肋骨以及腰带和肩胛带的一部分，其中一些与成年蛇颈龙的右前掌混在一起。虽然幼体与成体一起出土，这表明它可能是一个胎儿，但必须要排除其他情况：这只小恐龙只是在成年同类死后在其旁边休息，或者是被成年恐龙吃掉的。

以上猜测，被逐一排除。首先，小骨架位于成体的体腔内，所以这个小家伙不可能只是在成年恐龙身边休息。物种鉴定结果显示，小骨架的骨骼与成体一致，都属于宽鳍双臼椎龙。其次，没有证据能表明幼龙是被成年龙吃掉的，因为它的骨头上没有被啃食的痕迹，也没有被胃酸侵蚀，掠食者的最后一餐都会留下这些痕迹。毫无疑问，这是一个未出世的胎儿的骨架。

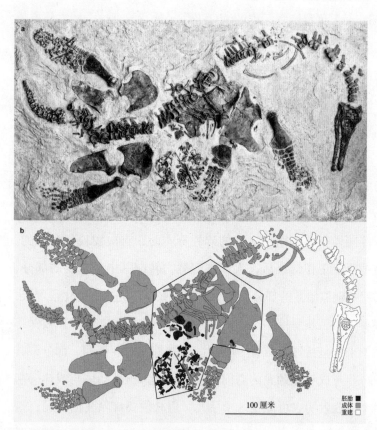

图片由洛杉矶县自然历史博物馆恐龙研究所提供

图1.11　怀孕的蛇颈龙（宽鳍双臼椎龙）的图片（a）与示意图（b）

图 1.12　K–选择繁殖策略

一群蛇颈龙（宽鳍双臼椎龙）正在抵御角鳞鲨（*Squalicorax*）的进攻，
其中一只成年蛇颈龙产下了巨大的蛇颈龙宝宝。

成年宽鳍双臼椎龙骨骼总体长约为 4.7 米，相比之下，宽鳍双臼椎龙胎儿的骨骼看起来非常小。不过，外表是会骗人的。在进行测量时，这个胎儿的骨架被拼凑在一起。人们发现它其实很大，体长约为 1.5 米，是宽鳍双臼椎龙妈妈体长的 32%。然而，由于缺乏完全骨化的骨骼，该胎儿还没足月。据估计，出生时其体长应约为母亲体长的 40%。这是个巨大的宽鳍双臼椎龙宝宝，它的个头相当于一个 6 岁的人类宝宝。

很多海洋爬行动物，例如鱼龙，通常会生下多个体型相对较小的后代，而非单个体型较大的后代，这就是所谓的"r- 选择繁殖策略"，即生育率高。这可能会增加幼崽的存活概率，因为它们不太可能全部存活下来。这种选择秉承"数量大于质量"的原则，意味着在亲代抚育上投入的精力很少，甚至无须抚养后代，对母鱼龙的影响比较小。相比之下，雌性蛇颈龙怀有一个体型大的胎儿，这就是所谓的"K- 选择繁殖策略"，即母龙把所有时间和精力都投入到一个胎儿身上。蛇颈龙身上的这一发现在海洋爬行动物中可谓独一无二。当然，这种宽鳍双臼椎龙只是蛇颈龙类下的一种，因此不能确定是否所有的蛇颈龙都如此繁殖。不过，现代海洋哺乳动物也采取这种策略，它们花费所有的时间全力抚养一个宝宝。有些哺乳动物的妊娠期甚至长达两年。海洋哺乳动物表现出长时间的亲代抚育和社会性行为，这说明蛇颈龙可能也会照料自己的孩子，也许会成群结队地照顾孩子。

这是一个伟大的发现，因为这是迄今为止唯一记录怀孕蛇颈龙的化石。它解开了 200 年前关于蛇颈龙生殖行为的谜团，使人们对于蛇颈龙的生命周期有了更加深入的了解。

在陆地分娩的鲸类

蓝鲸是地球上最大的动物。目前有记录的最大的蓝鲸体长 33 米，体重超过 25 头发育完全的非洲象。它们可能是有史以来最大的动物，只有巨大的蜥脚类恐龙或传闻中的巨型鱼龙可以与之匹敌。现代鲸类分为两大类：第一类是须鲸，蓝鲸就属于这一类；第二类是齿鲸，如抹香鲸以及海豚和钝吻海豚。它们被统称为鲸目动物。鲸类是哺乳动物，必须呼吸空气，但它们又十分适应水生生活，一切活动都在水中进行，以致无法在陆地上生存。这些庞大的海洋哺乳动物是当今世界的海洋霸主，然而，它们的祖先却来自陆地。

在 6600 万年前的白垩纪末期，一颗巨大的小行星撞击地球（它因毁灭了非鸟类恐龙而闻名）。这次撞击在海洋中产生了冲击波，导致称霸数亿年的大型海洋爬行动物灭绝。它们的消失空出了这个霸主位置，由新的水生动物群体，也就是鲸类所替代。鲸类经历了 2000 多万年的演化，最终坐稳了海洋顶级掠食者的宝座。

这些早期在陆地生活的鲸类的体型和狼差不多，它们拥有发育良好、发达健硕的腿，没有喷气孔，外表与我们今天看到的所有鲸类大不相同。它们的起源地是现今印度和巴基斯坦的所在地，起源时间接近 5400 万年前的始新世中晚期。对其头骨和骨骼，尤其是耳骨和踝骨结构的解剖研究结果表明，它们是鲸类的祖先。据推测，早期鲸类是两栖动物，生活在沿海环境中，以海鱼为食，在陆上休息、交配和分娩。其生活方式让人联想到现代的海鬣蜥，即在海里觅食，在陆地上交配和产卵。

其中一种水陆两栖的原始鲸鱼是来自巴基斯坦寇卢县的慈母鲸（*Maiacetus inuus*），它们因 2000 年和 2004 年出土的两具成体骨架为人们所知。著名的鲸类化石专家菲利普·金格里奇（Philip Gingerich）及其同事在 2009 年对骨架进行了研究和物种描述。慈母鲸生活在大约 4750 万年前，比最早的鲸鱼略大，长约 2.5 米，腿和脚相对较短但发育良好。它们的指骨和脚趾特别长，而且几乎可以肯定它们长有蹼，这表明这种动物会用蹼状脚掌游泳，但也能在陆地上行走。由于只能从现存为数不多或零碎的遗骸中见到这些鲸类祖先，这一发现意义非凡。这块化石中包含了关于原始鲸鱼诞生的秘密。

其中有一件慈母鲸标本的肋骨之间保存着一个体型较大的胎儿，头骨和部分骨架保存良好。慈母鲸（*Maiacetus*）这个名字来自希腊语的 "*Maia*" 和 "*ketos*"，意思是 "鲸母"，表明这是一个怀孕母鲸的标本。这也是迄今为止发现的可以在陆地生活的原始鲸类的唯一胎儿化石。化石中母体的体内仅有一个胎儿，这与现代的鲸类一致，它们几乎总是只生下一头小鲸。不过，它们又与现代鲸类不同：现代鲸类在分娩过程中幼鲸是尾部先出，以防溺水，而慈母鲸的胎儿则是头部先出。这是陆地哺乳动物的典型特征，进一步证明了这些原始鲸类是在陆地上分娩。

　　胎儿的头骨不超过 17 厘米，若加上缺失的部分，其骨架总长可能约为 65 厘米，是母体长度的 1/4。体型巨大，头骨发育良好，长有牢固的第一臼齿，这些特征都表明这可能是一个将近足月的胎儿。与现代的海洋哺乳动物一样，这个高度成熟的阶段意味着胎儿发育完全。新生儿一生下来便腿脚灵便，能够自由行走或游泳，躲避掠食者，还可能捕捉猎物以补充母乳不足。

　　显然，怀孕的慈母鲸是雌性。而另一个更完整的成年标本，整体体型略大，犬齿比雌性的大了 1/5。这些细微的差异似乎是性别二态性的结果，雄性是二者中体型较大的那个。考虑到当今陆地和海洋哺乳动物的雄性和雌性之间存在类似的差异，这似乎很合理。

　　由陆地行走的鲸类变为完完全全的水生物种，这一转变可谓物种演化中教科书般的示例。鲸类并没有做出太大的改变，只是填补了一个空着的生态位。怀有身孕的可以在陆地行走的鲸类，为研究者更好地探究这些早期两栖鲸类（在陆地上）分娩的过程和地点指明了方向。我们对鲸类的认识过程随着时间推移而发生变化，恰如它们随着时间推移而适应海洋生活。鲸类的演化与数百万年前发生的一次演化如出一辙，当时海洋爬行动物就是由胎生的陆地祖先演化而来的，它最终跳入海水中，从此再未上岸。

图 1.13　新生命降生

一头陆行鲸（*M. inuus*）母鲸在沙滩上分娩，这只幼崽的头部先出来。

辨识白垩纪鸟类的性别

鸟类拥有华丽的羽毛、尖尖的羽冠和细腻的色彩，这是动物王国中视觉效果最壮观的身体结构。这些特征在性选择中发挥着重要作用，帮助鸟类散发出性魅力，从而脱颖而出。雄性鸟类身上通常色彩丰富，拥有奢华艳丽的羽毛，可用于择偶展示。想想雄性极乐鸟那一身华丽的羽毛吧。另外，很多鸟类的雄性和雌性外表相差甚微，有些仅在叫声上存在差异。

考虑到现代鸟类的羽毛体现的性别二态性，我们可以合理地假设史前鸟类也可能有不同的羽毛。这种差异或许会在保存有羽毛的鸟类化石中发现，但如何确定所有差异都可以用来辨识性别呢？有许多保存完好的、带有羽毛的标本可以回答这个问题，只是这项工作看起来很繁琐。

1995 年，科研人员在中国东北地区发现了一种名为圣贤孔子鸟（*Confuciusornis sanctus*）的无齿有喙鸟类，并对其进行了研究。这种鸟属于辽宁省热河生物群，该地区因发现了许多带羽毛的恐龙（包括鸟类）化石而闻名。人们最初认为这件化石是从侏罗纪晚期的岩层中采集到的，但后来这一推测被更正，它来自白垩纪早期，距今大约 1.25 亿年。自首次发现这件化石以来，已有几千件这种乌鸦大小的原始鸟类标本相继出土。其中许多标本十分特别，它们不但有美丽的羽毛，而且皮肤也很好看。有些鸟脚甚至长着鳞片状的皮肤，脚趾前端长有角质鞘。

毋庸置疑的是，孔子鸟从头到尾都长着厚厚的羽毛。但是不同孔子鸟化石标本的羽翼存在显著差异。这些标本主要分为两类，它们都有着相同的骨骼解剖学特征，不同之处在于是否有两根很长的尾羽。这类鸟的尾巴很短，拥有由数块尾椎愈合生成的坚硬骨骼结构（尾综骨），其末端长着飘带状的羽毛。与现生鸟类相同，这些尾羽比它们身体骨骼的总长度还要长。令人惊奇的是，这两类孔子鸟同时出现在同一块岩石板上。

在雄性具有带状尾羽的现生鸟类中（如极乐鸟科的长尾风鸟属），尾羽的长度是其身体的 3 倍以上。有无这种装饰性羽毛反映了性别二态性。孔子鸟羽毛的差异引出了这样的一种观点：有长尾羽的标本是雄性，没有长尾羽的则是雌性，大多数研究人员都同意这一观点。其他观点认为，这种差异可能是由于换羽不同导致的。换羽是指鸟类蜕去旧的、磨损的羽毛，长出新的羽毛。又或者尾羽与年龄有关，只有达到性成熟的个体才会长。

为了进一步验证通过尾羽可以辨认性别的假说，一个研究小组从多个孔子鸟标本中提取了细微的骨骼样本，包括 3 个推测为雄性和 6 个推测为雌性的标本。在显微镜下，他们在其中一个疑为雌性的标本中发现了髓质骨的存在，这是一种生殖活跃的雌性鸟类特有的临时骨组织。相比之下，没有任何证据表明疑为雄性的化石中含有髓质骨。这不仅支持了"没有尾羽的孔子鸟是雌性，有尾羽的是雄性"的观点，还表明有髓质骨的雌性个体或者正在排卵，在死前即将产蛋，或者刚刚产蛋，不久之后便死了。在其他雌性个体中没有发现髓质骨，因为它们在死亡时并未处于分娩状态。

　　孔子鸟的其他特征，比如羽毛的颜色和图案，也可以凸显性别差异。虽然这听起来可能是异想天开，但一些关于孔子鸟羽毛的研究表明，这种鸟类全身都是深色羽毛，可能是灰色或黑色，翅膀上的颜色较浅。甚至一个惊人的标本中能看到一套复杂的羽毛图案，其翅膀、羽冠和喉咙上还有小斑点。研究人员急于弄清这些颜色和图案是用于性展示还是伪装。伪装这一用途在现生鸟类中很常见，但对此还需要进一步研究。孔子鸟化石保存良好、出土量大，为我们观察 1.25 亿年前的史前鸟类的性别二态性提供了一个罕见的、迷人的视角。如果没有这些羽毛，我们可能永远无法证明雄鸟和雌鸟之间的区别。与现生鸟类相比，孔子鸟羽毛的差异有力地证明了一点：雄性孔子鸟异常精致的尾羽在性展示中起到了重要的作用。

图片由南京地质古生物研究所王永栋提供

图 1.14
两件特殊的孔子鸟标本，羽毛保存完好，雄鸟（左）具有极长的飘带状尾羽，而雌鸟（右）则没有。

图 1.15　最佳舞台
一只雄性孔子鸟对雌性孔子鸟大展魅力。

惊魂未定：交配中的海龟

寻找化石的一大乐趣，是知道你总有机会遇到科学领域的全新发现。你永远无法完全预见自己发现的下一件化石会是什么。不过，即使最老练的化石猎人也会因为找到一对 4700 万年前正在交配的海龟而惊奇不已。

这是化石记录中第一个、最古老、最为确定的在进行性行为的脊椎动物。这两只被发现的动物实际上正在交配，双方在交配过程中死亡，身体保持完整，然后被保存为化石，这个概率极其小，天时地利缺一不可。

这些海龟生活在一个史前湖泊中，湖泊周围曾经是一片茂盛的热带森林。那里如今被称为梅塞尔化石坑，位于德国中西部的法兰克福附近，以前是油页岩矿开采地，现在是联合国教科文组织世界遗产名录中 1000 多个独特的、全球公认的指定遗址之一。梅塞尔化石坑直径不大，但深度约 300 米，一度是一个暗藏死亡陷阱的火山玛珥湖，曾经生活着数千种植物和动物。湖的上层适宜居住，动物们可以在此水域自由游泳。但如果它们冒险潜入湖水深处，或是无意间掉入了布满火山气体和腐烂物质的有毒的底层水域，则必死无疑。

在梅塞尔发现的无数化石中有十多对雌性和雄性海龟，它们都属于钝刻妙龟，体型大概有餐盘大小。这些正在交配的海龟要么有直接身体接触，要么相隔不过 30 厘米，而且尾部相对。

海龟是非常古老的动物，起源至少可以追溯到 2.4 亿年前。最早的海龟与现代的海龟有很大不同。原始海龟有牙齿，而现生海龟无牙有喙。有些原始海龟甚至没有龟壳，这可是一贯认为的龟类标志性特征。通过观察现存海龟物种，我们有可能辨识出妙龟夫妇的性别。与妙龟关系最近的现生亲属是猪鼻龟（外貌恰如其名），最早发现于巴布亚新几内亚和澳大利亚北部。在猪鼻龟等大多数现生龟类中，雄性龟的尾巴较长，延伸到壳的边缘之外，而雌性龟尾巴较短，几乎不超过壳的边缘。梅塞尔出土的海龟夫妇的尾巴长度差异同样如此。这些显著的特征表明所有的雄性化石平均比雌性化石小 17%，雌性化石中还有可灵活移动的壳铰链，这可能有助于产蛋。

在其中两对海龟夫妇中，雄龟的尾巴对准了雌龟的尾巴，并被包裹在雌龟的龟壳下面，产生了直接的身体接触。这正是现生海龟交配时尾巴所处的位置。所有现生的水生龟类都在水中交配，雄性趴在雌性的背上。它们经常在化石中被定格成这个姿势，还来不及分开，便通过垂直水层下沉。有一类龟的皮肤上有许多孔隙，能够使其从水中吸收氧气，妙龟便是如此。因此，雄性妙龟可能像现代龟类一样，在水面上爬到雌性龟背上并开始交配。可以推测，这对夫妇定格在相拥的姿势是因为不小心掉入了深渊，它们多孔的皮肤吸收了湖中的致命毒素，于是双双殒命。

伟大的爱情与中毒身亡，这个故事有点儿像罗密欧与朱丽叶。这两件标本是世界上第一对也是唯一一对被发现正在交配的脊椎动物化石，它们准确捕捉到了史前海龟夫妇真实的亲热时刻。

图片由 SGN 提供，安尼卡·沃格尔（Anika Vogel）拍摄

图 1.16　一对正在交配的钝刻妙龟

左边是雄性龟，右边是雌性龟。

图 1.17 最后的拥抱

在始新世的梅塞尔湖，两只钝刻妙龟海龟正在交配。

迷你马与迷你小马驹

随手拿起一本关于化石与演化的书，里面不可能没有马类的演化史。它们从原始的家猫大小、多趾演化成了如今单趾的模样，从吃嫩叶变为吃粗草。怀俄明州发现的化石显示，最早的马类出现在 5600 万年前。最完整和最特别的早期马类化石来自德国的两个历史稍短的地方（4800—4400 万年）：梅塞尔化石坑和埃肯弗德。

我们已经从上文中了解到梅塞尔化石与众不同的魅力，那里有成对的正在交配的海龟。埃肯弗德也不逊色，这里最令人称道的就是完整保存下了数量可观的哺乳动物化石。这些化石中通常包含有软组织，包括皮肤、毛发的细微之处，有的甚至还有内脏。在这些化石中，人们发现了一种哺乳动物，梅塞尔欧洲马（*Eurohippus messelensis*）。这是一种狐狸大小的马，前脚有四个脚趾，后脚有三个脚趾。

在梅塞尔发现的四种马化石中，欧洲马是迄今为止最常见的，已经出土了 40 多具骨骼，其数量是在世界各地发现的早期马类化石中最多的。梅塞尔欧洲马是在梅塞尔发现的体型最小的马类，肩部不超过 35 厘米。有几个标本被发现时还保留着身体轮廓，围绕着骨架勾勒出了其体貌。有些标本甚至保留了外耳，还能看到它们相当短的尾巴末端附近有蓬松的流苏。如果你觉得上述发现还不够震撼的话，那么在 1987 年，古生物学家对一头怀孕梅塞尔欧洲马的体貌特征进行了研究和详述。这匹始祖马体内有一个保存完好的胎儿。如今在梅塞尔已经发现了8只怀孕的始祖马属母马化石，在埃肯弗德还发现了一只稍大的沃氏原古马（*Propalaeotherium voigti*）的怀孕母马化石。

如同现生马类一般只生一只马驹一样，每件怀孕化石中的母马体内只有一个胎儿。胎儿的完整性各不相同，有些胎儿的所有骨骼都是完整的，有些胎儿的骨骼则杂乱无章，还有几个胎儿已经长出发达的乳齿。所有母马都处于妊娠后期。小马驹倘若顺利降生，最初应该约有 15—20 厘米长，你可以抱着它坐在自己腿上。有趣的是，一些怀孕的母马也保有乳牙，这意味着它们在怀孕时还没有完全成年。

始祖马母马的腰带通道很宽，这点和现代母马一样。而公马的腰带通道很窄，因此，如果化石中的马类体内没有胎儿，可以根据这一特征辨识性别。想要估计始祖马的妊娠期十分困难。现代马类的标准妊娠期是 11 个月，但现生哺乳动物的妊娠期受到体型大小的影响，体型较大的哺乳动物妊娠期更长。考虑到始祖马体型较小，据推测其妊娠期可能至少持续 200 天（或六个半月）。在这些怀孕的母马中，最令人震惊的发现是它们的软组织。

埃肯弗德的原古马化石第一个展示出了这种惊人的细节。这只怀孕的母马体内的胎儿仍然被部分胎盘所覆盖，这在哺乳动物化石记录中还是第一次。但是在所有的怀孕母马中，迄今为止最令人大开眼界的是，2000 年森肯伯格研究所的一个团队

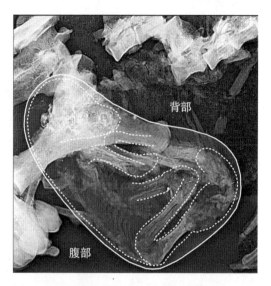

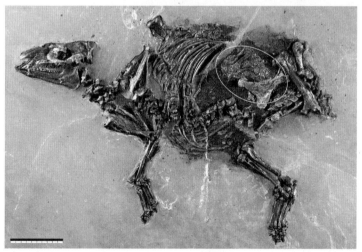

图片来自 J. L. 弗兰岑（Franzen, J. L.）等《一个保存良好的欧洲始新世马科动
物始祖马胎儿详述》(《公共科学图书馆 – 综合》，2015 年第 10 期）

图 1.18　怀孕的始祖马
体内有一只未出生的小马驹（左）；
保存近乎完整的迷你小马驹的 X 射线特写和胎儿原始位置复原图（右）。

图 1.19　灌木丛中的爱情
一群始祖马走过梅塞尔湖边的灌木丛，一匹强势的公马趴伏在一匹母马背上。

在梅塞尔挖掘出的一个化石标本。在母马的腰带区域内有一个迷你的特殊的胎儿骨架，除了头骨被压碎外，其骨骼几乎完全相连、保存完整，软组织的保存完整程度无可比拟。

为了深入研究保存下来的软组织，研究人员用强大的扫描电子显微镜（SEM）检查了标本，并对其生殖道进行了高分辨率的微型 X 光检查，揭示了前所未有的发现。胎儿被包裹在子宫胎盘中，并与阔韧带相连（阔韧带是连接子宫与腰椎、腰带的结构，有助于支撑发育中的胎儿），其子宫胎盘的范围及其表面存在的皱纹与现代母马相同。这件化石是对于有胎盘的哺乳动物子宫的最早记录。胎儿在母马死亡时已接近足月，但母马不是像现生马类分娩时那样右侧朝上，它的姿势是颠倒的。这表明母马不是在分娩时死亡，而是死于其他未知的原因。

在梅塞尔出土的多件始祖马化石表明它们可能是小型群居动物，或者也可能成群生活，这可以为我们提供其亲代抚育的相关证据和信息。尽管在体型和骨骼特征上存在明显差异，这些特殊、迷你的怀孕母马化石可以表明在过去 4800 万年中，马类生殖解剖学特征和相应的行为变化微乎其微。

第 2 章　亲代抚育与群居生活

　　一只死去的、腐烂的老鼠在森林的地面上散发出了刺鼻的气味，空气中充斥着化学物质，这让埋葬虫嗅到了机会。它们是动物世界中的殡葬者，仅有 2.5 厘米长。埋葬虫很快就来到"新鲜"的尸体前，将其据为己有。成对的雄性和雌性携手击退对手，转移老鼠，将其埋入它们的地下室。埋葬虫在那里剥去老鼠的皮毛，并用特殊的分泌物保存它。雌性埋葬虫在尸体附近产卵，雄性会在一旁帮忙，守护地窖和幼崽。这种亲代抚育方式在昆虫中十分罕见。埋葬虫父母把老鼠当作育儿所来养育后代，也用它来喂养幼虫。这些甲虫是腐尸鉴赏家，它们清理森林地面上的死尸，回收各种小型脊椎动物的尸体，包括其他哺乳动物、鸟类甚至蛇类。这些小动物在死亡中孕育新的生命。

　　这可能不是你想象中的亲代抚育。有些人可能会认为这很恶心（我可没这么想）。一提起动物的育儿方式，人们总是会联想到鸡妈妈保护可爱的毛茸茸的小鸡的画面。但事实不止如此，育儿的方式有很多。一些昆虫，为了给自己的后代创造最好的生存机会，往往演化出一些高度复杂的怪异行为。

　　在整个动物界，亲代抚育的差异极大，新的抚育方式层出不穷。例如近期发现的世界上最大的青蛙，歌利亚蛙（Goliath frog）会用岩石筑巢保护自己正在发育的孩子。对于一些物种而言，根本不存在亲代抚育。例如许多无脊椎动物，它们在产卵后照常生活。而其他更复杂的动物，如灵长类动物，则会投入数年时间来抚育自己的孩子。

亲代以各种方式抚育后代，通常是筑巢、喂食和保护其后代免遭掠食者的伤害。埋葬虫等物种已经演化出了不寻常的、往往是极端的方式来照顾自己的后代。以口育鱼为例，这些鱼会长时间停止进食，通过在口腔中孵卵来保护鱼卵。一旦鱼卵孵化，自由游动的小鱼苗就会在父母的口腔中寻求庇护，时间长达几周。父母常常要为其后代做出很多牺牲。亲代抚育时间漫长、限制诸多，有时会对父母产生不利甚至致命的影响。

许多动物过着群居生活。有些物种常年生活在一起，如巨大的企鹅群或家族关系紧密的大象群。有些物种只是暂时群居，在特定的时间（如交配季节）碰面。有些其他种类的埋葬虫甚至偶尔会分享捡来的尸体，把它们埋在一起，共同抚育后代，而后它们就会分开。群居生活可能有许多好处，如增强保护、增加寻找配偶和食物的机会，不过也有弊端，例如竞争更加激烈、疾病风险更大等。群居可以反映生态系统的全貌，提供大量的信息，例如不同物种有何互动，它们如何竞争、抚育和保护后代，怎样形成复杂的社会结构等。

了解现生动物的亲代抚育和群居生活，是我们研究的起点，有助于我们推测其史前祖先生活的方方面面。可以肯定的是，和现代的动物一样，许多史前物种都会照顾自己的后代，但似乎无法弄清它们是如何做到这一点的。

寻找口中含着小鱼苗的口育鱼化石，或是藏在尸体里的埋葬虫，你若能想象到这些任务有多么艰难，大概就能理解化石记录工作面临的重重难关了。还原真相需要对化石进行谨慎的研究和判定，并与其现生类似物种进行比对。如果可能的话，还需要多个案例作为参考。

令人出乎意料的是，史前动物群体也许更容易研究。某种程度上来说这是事实。古生物学家可以在这些化石储量丰富的地方进行大量的研究，许多这样的化石点被称为特异保存化石库（德语"*Lagerstätten*"）。这可不是什么花哨的德国啤酒品牌，而是专门用来描述化石点的词汇，即那些著名的化石点，或者化石储藏量大，或者生物体软组织保存良好（软组织通常无法在化石中保存下来），甚至二者兼备，如梅塞尔化石坑（见第1章）和伯吉斯页岩（本章后面会讲到）。这些化石库为了解古生态学提供了极好的机会，因为它们往往保存着各种各样的化石，可以帮助描述这些动物可能有过的互动行为。在某个地层中可能会发现成百上千种植物和动物化石，它们都能够帮助我们了解当时的环境状况。根据这些化石，古生物学家可以对哪些动物成群生活、哪些动物是顶级掠食者等问题做出有依据的猜想。即便如此，这样的化石点（常常）也只能帮古生物学家找到线索，而无法提供直接的证据。

我们似乎需要直接的证据，来准确地研究解释动物的种种行为，比如保存在一起的亲代及其卵或幼崽，或者在完全相同的岩层中发现大量的动物以某种方式互动。那么，拿到这些化石后，应该做些什么？本章将深入研究一些非同寻常的化石。这些化石可以帮助了解原始动物的亲代抚育和动物群体中的相互关系，进而揭秘一些尘封在时间里的那些似曾相识的动物行为。

孵蛋的恐龙

蒙古的戈壁沙漠是发现恐龙的热门地区。1923 年，由美国自然历史博物馆团队带领的一支探险队，在著名的焰崖（Flaming Cliffs）化石点发现了几个新物种。其中有一种外形怪异的兽脚类恐龙，它们颈长、头部短，喙部无齿。人们发现在其不完整的骨架下是一窝恐龙蛋。一年后，参加了这次探险的，美国自然历史博物馆的古生物学家兼馆长亨利·费尔菲尔德·奥斯本（Henry Fairfield Osborn）对此进行了特征描述。奥斯本认为这些蛋属于一种叫作安氏原角龙（*Protoceratops andrewsi*）的小型角龙类。因为这一物种的骨架和蛋经常在同一地区出现，他将这种新发现的兽脚类恐龙命名为嗜角窃蛋龙（*Oviraptor philoceratops*），意思是“喜欢偷原角龙蛋的小偷”。

时间停留在了这只窃蛋龙洗劫恐龙巢穴的时刻，它正在享用另一种恐龙的蛋。这将是一个重大发现，是世界首例描述这一行为的化石。然而，这个推论是错误的。窃蛋龙不是小偷，至少这只不是。在巨大的讽刺声中，在 1994 年，也是首次描述该化石的 70 年后，研究人员重新检查了这些原始的恐龙，又与新标本进行比较，证明这些蛋属于窃蛋龙自己，而非原角龙。

窃蛋龙的故事对你来说可能并不陌生。就我个人而言，在成长过程中听过很多广为流传的所谓恐龙真相，窃蛋龙的故事便是其中之一。这个故事似乎在书本和纪录片中随处可见，在博物馆的展览简介中也是如此。有趣的是，奥斯本认为"嗜角窃蛋龙"这个名字，可能会导致人们对这种动物的进食习惯做出错误的描述。这方面，他是正确的。

在被冤枉了几十年之后，窃蛋龙的声誉恢复。证据表明这是一只坐在巢穴上的成年恐龙，也许正在孵化、守护这窝蛋。1993 年，美国自然历史博物馆和蒙古科学院对戈壁的联合考察中有一项惊人的发现，证实了这种说法。这次考察发现了一个新的化石资源极其丰富的地方乌哈托喀。他们在这里采集到了一具鸸鹋大小的、类似于窃蛋龙的恐龙骨架，坐在自己的巢穴上。这只恐龙与窃蛋龙关系密切，同属窃蛋龙科，后来被确认属于一个新的属和种，称为奥氏葬火龙（*Citipati osmolskae*）。

这只葬火龙坐在巢的中央，两只后肢紧紧折叠，脚和小腿几乎相互平行，在死亡到来的瞬间以这样的姿势被保存了下来。它的前肢几乎可以肯定带有羽毛，环绕着巢穴，横卧在几个蛋上。至少有 15 枚蛋被保存了下来，每枚蛋长 16 厘米，宽 6.5 厘米，成对排列，围成了一个圆形。蛋的排列表明其父母可能移动了它们，或者葬火龙母亲会在特定的位置以特定的方式下蛋。人们发现，一些窃蛋龙科恐龙像鳄鱼一样有两条功能正常的输卵管，因此它们会同时产下两枚蛋，这就解释了为什么葬火龙的蛋会成对排列。

　　这只葬火龙正在孵化自己的蛋，确保这些蛋处于温暖安全的环境中，就像现代鸟类的育雏一样。人们亲昵地称之为"大妈妈"，但没有任何迹象表明它是雌性，它很可能是"大爸爸"。一项研究甚至认为它就是雄性，并表明这些恐龙中存在类似鸟类的父爱。现生鸟类的育雏行为存在差异，在通常情况下，雄性和雌性会轮流坐在蛋上，而在某些物种中只有一位亲代会照顾后代。窃蛋龙科有可能就是采取了类似的行为模式，而另一位亲代也许就在附近。

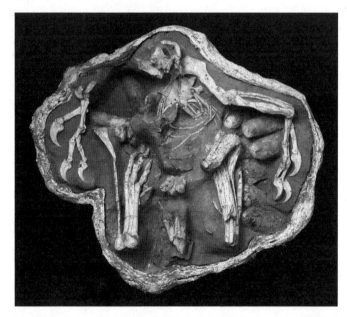

图片由来自美国自然历史博物馆的米克·埃利森（Mick Ellison）提供

图 2.1　窃蛋龙科奥氏葬火龙"大妈妈"坐在一窝蛋上

图 2.2　迎沙而立
雄性奥氏葬火龙小心翼翼地坐在鸟巢上，雌龙在其背后徘徊。
一场巨大的沙尘暴从远处渐渐逼近。

目前，已经发现了多达 8 只与自己的巢一起保存下来的窃蛋龙类，其中包括第二枚坐在巢上的葬火龙化石，5 只来自戈壁，2 只来自中国南部，以上所有化石都有大约 7000 万—7500 万年的历史。在最近发现的标本中至少保存了 24 枚蛋，其中有 7 枚中含有胚胎残骸。每只恐龙都保持着死亡时的姿势，它们被剧烈的沙暴和巨大的沙土滑坡迅速掩埋，成为极其稀有的化石。

从偷蛋的恶棍到慈祥的父母，我们对窃蛋龙的了解不断变化。这让我们看到了一个非同寻常的故事，也让我们知道在回答有关史前行为问题时需要尽可能多地寻找标本。这些恐龙展现出了与鸟类相同的亲代抚育，证明恐龙与现生鸟类之间存在行为联系的说法是正确的，也表明这种育雏行为在很久以前就出现了。

最古老的亲代抚育：远古节肢动物

寒武纪的开始，标志着地球生命史上的一次重大转变。"寒武纪生命大爆发"指的是具有矿物化骨架的较为复杂的动物突然出现（在地质学术语中，"突然"意味着这个过程延续了几百万年）。这是书籍、畅销作品和众多电视纪录片中常见的题材。寒武纪如此受追捧不无道理，在这一时期，动物物种大量涌现。许多目前已知的动物门类和基本身体构造首次出现，包括甚至连古生物学家都不确定的形式，这导致生态系统变得更加复杂。海洋中熙熙攘攘，出现了第一批长腿甚至长复眼的动物。它们在大小、形状、生态和生活方式上都有很大差异，最终演化出新的繁殖方式。这是一个充满了巨大变化与实验性的时代。

1984 年 7 月 1 日，侯先光及其团队在中国西南部的云南省发现了一块化石。他在自己的野外笔记本上写道："泥岩的表面有些潮湿，里面的标本看起来好像还活着。"这里的化石以前就被新闻报道过，本次考察的目的是进一步阐明其重要意义。这里被称为澄江化石点。这个化石点非同寻常，不仅保留下了动物的硬组织，它们蠕动的身体软组织也保存完整，各部位细节清晰可见。这些动物约有 5.2 亿年的历史，为我们留下了来自寒武纪初期的精彩生命快照。

侯先光研究的第一批化石中包括节肢动物的遗骸。在澄江出土的节肢动物数量巨大、形态多样。截至目前，最常见的是形似种虾的朵氏小昆明虫（*Kunmingella douvillei*）。它属于已灭绝的节肢动物，与甲壳类动物的关系最为密切。这种迷你的节肢动物通常只有半厘米长，标志性特征是由两部分组成的"蝴蝶"壳，这种保护性结构覆盖了它的大部分身体和 10 对附肢。在几千件已知朵氏小昆明虫化石中，有 6 件出现了同类虫卵，有助于揭示这种迷你节肢动物的繁殖策略。它们显然进行了有性繁殖，也会照顾自己的卵，提升其存活概率。

研究人员在一只雌性昆明虫的腿上发现了 50—80 枚虫卵，大小在 150—180 微米之间。更直观一点，就是 1 支圆珠笔的笔尖上可以安放 6 枚虫卵。多个标本的腿上都有附着的卵，表明这种联系并非巧合。这个物种已经演化出了一种奇特的储卵技术，有可能是受到了掠食压力的影响，因为昆明虫是寒武纪最小的节肢动物之一。从某些粪化石（化石粪便）中发现的证据表明，它们当时是大型动物的盘中餐。

因此，这样弱势的物种要想在充斥着掠食者的极端新世界中生存，就必须想办法为后代尽可能提供好的生命起点。在大多数现生甲壳类动物中，受精卵在孵化之前会一直附着在雌性身上。鉴于昆明虫化石出土数量丰富，很显然这个物种的策略是正确的。它们的虫卵储存与照料方式似乎很有效。

这些标本出土于细粒度的泥岩中，研究者认为它们是被泥土迅速掩埋后闷死的。这表明其出土地点正是其死亡地点，也意味着这些化石从未被移动过或受到过外界干扰，因而可以很好地保存下来。在澄江发现的另一种奇特的节肢动物身上，也看到了同样的储卵方式。因此，可以研究其复杂的亲代抚育模式。

这种形似虾类的节肢动物名为延长抚仙湖虫（*Fuxianhuia protensa*）。现已出土不同大小的标本表明，从幼虫发育到成虫需要经历一系列的生长阶段。这些标本全面展现了个体发育（动物如何随着年龄的增长而变化）的差异。尽管发育阶段的样本都有类似的身体结构，但较老的个体比年轻的个体具有更多的身体节段（背片）。这表明随着年龄增长，延长抚仙湖虫的身体上会增加节数（通过蜕皮），这一过程被称为增节变态，在千足虫等现生节肢动物中也存在这种现象。因此，除了大小和形状之外，我们还可以通过节数来推断标本的年龄。

在一件特殊的抚仙湖虫标本中，出现了一只大的（8厘米）性成熟的成虫与4只非常小的（约1厘米）幼虫。这些个体的大小和年龄都与体节数量有关。根据它们之间的关系以及这些标本同时被埋在一起的证据，可以确认这5只虫子是一家子。这只成虫是幼虫的家长，照顾着正在发育的后代。这种延长亲代抚育的策略可以提高后代存活的概率，从而延续家族血统。

除了昆明虫和抚仙湖虫，还有其他寒武纪节肢动物也提供了这种证据。1909年9月，查尔斯·都利特·沃尔科特（Charles Doolittle Walcott）在探索加拿大落基山脉时，发现了伯吉斯页岩。斯蒂芬·杰·古尔德（Stephen Jay Gould）在1989年出版的著作《奇妙的生命》中，让这个颇具传奇色彩的化石点声名远扬。人们首次在这里发掘出了非同寻常的寒武纪化石，其细节和多样性前所未见。我们对寒武纪生命的了解大多来自对伯吉斯页岩材料的研究。伯吉斯页岩的年龄比澄江的岩石稍小，约有5.08亿年的历史。沃尔科特收集了约65000件标本，并命名了几个新物种，其中包括于1912年发现的菲尔德瓦普塔虾（*Waptia fieldensis*），是以出土地附近的两座山瓦普塔山和菲尔德山命名。瓦普塔虾与现代虾类有着惊人的相似之处。它拥有长长的尾巴，最大尺寸约为8厘米，在数千件化石中都能找到它的踪迹。尽管早在一个多世纪前人们就开始研究这种虾了，但直至2015年，我们才弄清了这种节肢动物的繁殖习性。

在对1845件瓦普塔虾科标本进行了研究后，研究人员在5件标本内发现了虾卵。其身体两侧各堆积着12枚卵，藏在靠近头部的甲壳下，这表明一只雌性瓦普塔虾可以储存多达 24 枚卵。每枚卵的个头都比较大，平均直径为 2 毫米，卵内部包裹着微小的、正在发育的胚胎。这是目前能证明母体与其卵或胚胎关系的最古老的直接证据。

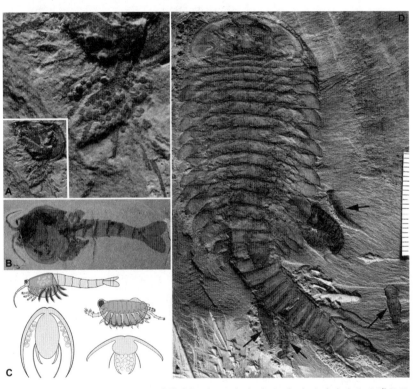

图片（A）由西北大学韩建提供；图片（B）和（C）由皇家安大略博物馆让·贝尔纳德·卡隆（Jean–Bernard Caron）和达尼埃尔·杜法特（Danielle Dufault）提供；图片（D）由西北大学傅东静提供

图 2.3　早期节肢动物的亲代抚育

（A）昆明虫，卵附在其腿上；右侧特写；（B）瓦普塔虾，甲壳下有成群的卵；

（C）重建模型显示以上两个物种的储卵位置；

（D）抚仙湖虫成体及其小幼体（由箭头识别）。

图 2.4 养育

在海底的避风区里，
一只成年延长抚仙湖虫在照顾它的几个幼虫，这些幼虫依偎在它身边。

瓦普塔虾和昆明虫不仅在大小和结构上存在很大差异，在窝的数量、卵的大小、卵附着在母亲身上并由母亲抚养的方式也不相同。抚仙湖虫化石提供了化石记录中最古老的由其他亲属代为抚育后代的证据。这 3 种不同的亲代抚育模式，揭示了 5 亿多年前这些物种复杂行为策略的演化过程。

翼龙的筑巢地

翼龙（Pterosaur）是最不寻常、最令人敬畏的一种史前生物。它们是第一个演化出飞行能力的脊椎动物，鸟类和蝙蝠后来才实现这一壮举。翼龙出现于大约 2.2 亿年前的三叠纪中期，此前昆虫长期主宰着天空。尽管经过两个多世纪的详细研究，这些有翼爬行动物的早期生活仍然是个谜，但随着有史以来最重要的一件翼龙化石出土，这种情况有所改变。

人们一直认为翼龙既然是爬行动物，那么它必然也是卵生动物，大概是在巢中产蛋，但难以找到直接的证据。就像等公共汽车一样，也许比作如今的手机应用程序更为恰当，你只是想等 1 辆公共汽车，却一下子来了 3 辆。

2004 年，研究人员对三枚保存完好、含有微小胚胎的翼龙蛋进行了详述，证实了翼龙确实会产蛋。两枚蛋来自中国辽宁省金刚山地区，是在白垩纪时期的岩层中收集到的。其中一枚保存得非常好，还留有与大多数现代爬行动物一样的柔韧的革质外壳。还有一枚蛋是当地的农民在辽宁省的侏罗纪岩层中发现的，这颗蛋仍然与母体相连。这下便彻底消除了人们对翼龙产蛋能力的怀疑。

这件保存近乎完整的翼龙标本，学名达尔文翼龙（*Darwinopterus*），以查尔斯·达尔文（Charles Darwin）命名，绰号"T夫人"。这只翼龙留下了骨骼实体化石和拓下了其骨骼轮廓的痕迹化石，其中一侧更加完整。T夫人的椭圆形蛋位于其双腿之间，与靠近尾巴底部的腰带相连（蛋的长度不到3厘米，估计重量为6克）。这个位置表明，在尸身腐败的过程中，由于内部气体积聚，这枚蛋被挤出了母体。通过对破损石板的进一步研究，研究人员随后发现母体内还有一枚蛋，这表明翼龙和大多数现生爬行动物一样有两条起作用的输卵管。我们有理由相信T夫人在死前即将临盆。

这件翼龙化石，让研究人员首次能够确认雄性和雌性翼龙之间的性差异。这只雌性翼龙没有头骨脊，拥有一个大的腰带，与其他达尔文翼龙标本中出现的情况正相反。研究人员曾推测之前发现的达尔文翼龙标本为雄性，但直到现在，通过这件蛋与母体保存在一处的化石才证实了这一假设，并且能够确定这些差异就是性别二态性。

在中国发现的这些翼龙化石，有助于填补对于翼龙行为理解方面的许多空白。其中一件拥有1.2亿年历史的化石尤为引人注目，蕴含的信息量巨大。它出土于中国西北部新疆著名的天山附近。自2006年以来，科研人员在天山以南的吐哈盆地开展了广泛的田野调查，在此处发现了一个新的化石点。这里有

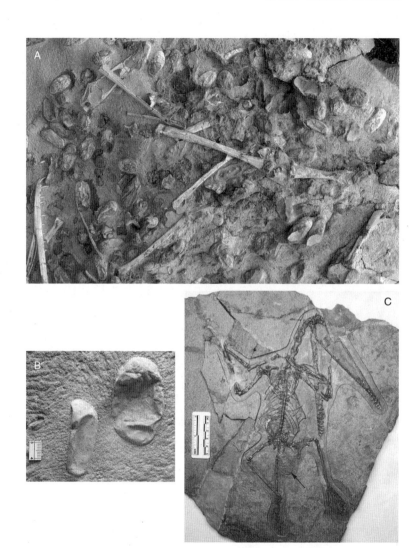

图片（A）和（B）由中科院古脊椎动物与古人类研究所汪筱林和高伟提供；

图片（C）由戴夫·尤文（Dave Unwin）提供

图 2.5

（A）吐鲁番 - 哈密盆地化石点，密集的哈密翼龙骨骼和蛋，局部图；

（B）两枚特殊的恐龙蛋的特写；

（C）雌性达尔文翼龙"T 夫人"，箭头指向其完整、保存在一起的蛋。

图 2.6　被风惊动的翼龙族群

一场恶劣的暴风雨扰乱了天山哈密翼龙族群和它们的蛋，
一些蛋从沙岸上滚落到湖中，巢穴中十分混乱。

数以千计的雄性和雌性翼龙的骨骼，还有几百枚蛋，其中一些蛋里还带有三维的胚胎。这里是一个巨大的埋骨之地。与达尔文翼龙相似，这些雄性和雌性的骨骼在头骨脊的大小、形状和坚固程度上存在差异。雄性的头骨脊要大得多，也更突出。

从骨床中我们可以确定这里有至少 40 只翼龙，有人认为实际数量可能达到上百个。这些新发现的骨架属于一个新的物种，天山哈密翼龙（*Hamipterus tianshanensis*）。这种翼龙最大翼展为 3.5 米，与所有现生鸟类中翼展最长的漂泊信天翁的翼展相当。

这里因出土了 300 多枚哈密翼龙蛋而轰动一时。虽然这些蛋被压扁而略微变形，但它们仍保留了三维立体感，并显示出特别的细节。蛋上还有许多小裂缝，表明它们虽然柔软坚韧，但却有一个非常薄的、精致的矿化外壳。吐哈盆地共出土 42 枚完整的蛋，其中 16 枚蛋中含有可识别的、处于不同发育阶段的胚胎骨骼。

这么多的翼龙个体，包括成年雄性、雌性、青少年和幼儿时期的翼龙，还有大量的翼龙蛋，表明附近有一个筑巢地点。这进一步表明天山哈密翼龙是群居动物，生活在大型群体中，并在湖泊或河流的岸边等聚居地筑巢。与许多爬行动物类似，哈密翼龙似乎会将自己的蛋埋在沙子里，以防止它们变得干燥。在同一地点发现多件雄性和雌性的标本，可能意味着它们会待在巢穴附近，帮助养育孩子，保护它们免受掠食者的伤害。

这个筑巢地点似乎遭遇了来势汹汹的高能风暴，将蛋从巢穴中冲入附近的湖中，它们在那里与这些翼龙骨架一起被埋葬。翼龙化石通常很罕见，具备相互关系的骨架和翼龙蛋更是不可多得。因此，发现如此大规模的死亡遗迹，为我们了解这些有翼的神奇动物的生活，提供了一个前所未有的视角。

巨齿鲨育儿所

如果让每个化石迷说出一个已灭绝的顶级掠食者，巨齿鲨（*Megalodon*）必然是被提及最多的名字。这个结果在意料之中，巨齿鲨是已知最大的鲨鱼物种，体长约为 16 米，比电影《大白鲨》中的大白鲨大了一倍多。是的，这种鲨鱼真的有那么大。巨大的体型牢牢吸引了大众的目光。人们总是对于"最大的"或"终极的"掠食者具有猎奇心理。近年来，科学界和流行文化领域，都对巨齿鲨怀有相当大的兴趣。

人们总是热衷于谈论巨齿鲨巨大的体型，它们生活的其他方面很容易被忽视（而且常常被忽视）。巨齿鲨的牙齿和你的手掌一样大，有证据表明它们以鲸类为食。我们对巨齿鲨的了解几乎都来自它们的牙齿。人们在全球范围内发现了大量巨齿鲨的牙齿。因此，甚至可以说，除了明显的进食行为外，人们对巨齿鲨的行为知之甚少。话虽如此，研究人员在中美洲巴拿马的一项惊人发现，揭示了巨齿鲨保护后代的方式。

作为一名科研工作者，我不得不提一下，"巨齿鲨"这个名字来自它的学名——巨齿耳齿鲨（*Otodus megalodon*，意为"大牙齿"），有时也叫"巨齿拟噬人鲨"（*Carcharocles megalodon*），所以我们也可以称其为"巨牙鲨"（*Otodus* 或 *O.megalodon*），不过这就没有那么朗朗上口了。此外，随着公众对巨齿鲨的兴趣日益浓厚，大众媒体中出现了一种主流的猜测：有人认为它们今天仍然存在。实际上，巨齿鲨早已灭绝了。不过从地质学的角度来看，该物种灭绝的时间较晚，大约在 360 万年前。所以，早期的人类（人类的祖先）可能见过活着的巨齿鲨，或是被冲上沙滩的巨齿鲨。

在巴拿马地峡（一个连接北美和南美的狭长地带）有个被称为加通的海洋化石层，那里保存着丰富多样的鲨鱼动物群化石。在 1000 万年前的中新世时代，这里是一个温暖的浅水生态系统，约有 25 米深，连接太平洋和加勒比海。如今太平洋和加勒比海被地峡隔开。

在 2007 年至 2009 年的田野调查中，研究人员在巴拿马北部的两个化石点，拉斯洛马斯和帕亚迪岛采集到 28 颗巨齿鲨的牙齿。这些牙齿由古生物学家和巨齿鲨专家卡塔琳娜·皮米恩托（Catalina Pimiento）带领的佛罗里达自然历史博物馆的一个小组进行研究。在另一次田野调查中，还采集到了另外 22 颗牙齿，但其中只有 12 颗保存完整，可以用于研究。令人惊讶的是，大多数牙齿都很小，甚至非常迷你，有些牙齿的齿冠高度还不到 2 厘米，尺寸大的牙齿并不常见。

巨齿鲨颌骨中的牙齿大小不一。因此，或许可以由此推测较小的牙齿在颌骨中的相对位置。为了验证这一理论，研究小组将这些牙齿与来自佛罗里达州和北卡罗来纳州当地与巨齿鲨亲缘相近的鲨类齿组进行了比较，这些参照组处于不同的生命阶段（未成年时期和成年时期）。研究人员发现，大多数出土于加通湖的牙齿来自少年期和新生儿时期的巨齿鲨，它们的体长大概在 2—10.5 米之间，最小的个体可能是胚胎。尽管其中一些年龄稍长的未成年巨齿鲨体型较大（体长 6—10 米），但它们仍会成为成年巨齿鲨的猎物。同时发现这么多属于胚胎、新生儿和未成年的小牙齿实为罕见，这足以证明加通地层是一个古老的巨齿鲨育儿所。

在许多现代鲨鱼中，未成年和新生鲨鱼常常出现在育儿所区域，通常是几个鲨鱼物种一起生活。这些育儿所为幼鲨提供了重要的栖息地，它们尤其容易受到掠食者（主要是体型较大的成年鲨鱼）的攻击。并且育儿所可以提供保护与充足的食物资源，提高幼鲨的生存率。

加通古育儿所容纳了各类硬骨鱼和其他鲨鱼，它们都是年轻的巨齿鲨的储备食材。为了避免与体型骇人的成年鲨鱼以及其他大型鲨鱼发生冲突，这些未成年鲨鱼可能只有在长到成年体型时才会开始猎杀大型海洋哺乳动物。（顺便说一句，在加通地层很少出现海洋哺乳动物化石。）未成年的大白鲨主要以鱼类（包括其他鲨鱼）为食，并在成年后开始以哺乳动物为食。虽然巨齿鲨与大白鲨不是直系亲属，但它们存在相似性。从生态学角度出发，我们可以把大白鲨视为巨齿鲨的类似物种，它们

1厘米

图片来自卡塔琳娜·皮米恩托（Pimiento, C.）等《巴拿马中新世已灭绝巨齿鲨的远古育儿所》（《公共科学图书馆－综合》，2010 年第 5 期），稍有修改

图 2.7

从加通地层收集到的部分的巨齿鲨牙齿，从幼鲨到大型成年鲨鱼的牙齿都有。

的牙齿、椎骨以及推定的体型与饮食习惯都有相似之处。大白鲨也有育儿所。

在育儿所中，未成年鲨鱼牙齿旁边发现了几颗巨大的巨齿鲨牙齿，它们来自体长超过 10.5 米的成年鲨鱼。在育儿所里发现成年鲨鱼的痕迹并不让人意外。鲨鱼一生中会不断换牙，因此雌性巨齿鲨在育儿所产卵或生下幼崽时，很容易造成牙齿脱落和丢失，这很合理。此外，虽然育儿所可以作为避难所，但无法保证大型鲨鱼会远离该区域，因此一些幼鲨依然可能会成为大型成年鲨鱼的猎物。

在皮米恩托的团队宣布其发现的 10 年后，也就是在 2020 年，另一组研究人员报告称在西班牙东北部塔拉戈纳省一个新发现的化石点中，可能存在巨齿鲨育儿所。该团队还重新考察了其他几个著名的化石点和含有巨齿鲨牙齿的地层。他们发现新生儿和青少年时期巨齿鲨个体占比极大，由此确定了另外三个化石点（其中有两处位于美国马里兰州和佛罗里达州，一处位于巴拿马）与已知的加通地层育儿所和塔拉戈纳省育儿所一致。总体看来，这五个化石点的历史都在 470 万年到 1550 万年之间。

这些发现表明，千万年来，巨齿鲨在世界多地广泛建造育儿所，这对它们的生存起到了关键性作用。巨齿鲨建立育儿所抚育后代的发现颠覆了我们对这种超级掠食者的刻板印象，为我们看待它们的行为提供了一个全新的视角。

图 2.8 逃出巨齿的攻击范围

一头成年巨齿鲨在深水区中游泳，
许多巨齿鲨幼崽为了自保游到了育儿所的浅水区。

史前动物的托育

如果你有孩子，在他的成长过程中你需要有人帮忙照看，可能是你的父母、兄弟姐妹，或是欠你人情的朋友。人类并不是唯一需要托育的物种，有几百种动物也有这样的需求。无论是细尾獴、猫鼬、狮子还是鲸类，都会帮忙抚育同类的后代。

请人临时帮忙照看孩子，可以节省出必要的时间让你采购食物、社交和休息。虽然这样可以轻松养育后代，但又不是那么让人完全放心。在现实中，托育是一种常见的无私合作行为，体现了利他主义。人们会选择牺牲自己的利益帮助他人，而且往往不求回报（不过，要是想让年长一点的孩子帮忙照看弟弟妹妹，不给点小费可不行）。

想要在化石中寻找动物托育的可靠证据并不容易。同一物种的大型个体和小型个体被保存在一处，它们或许是尸身凑巧堆积到了一起，也可能是其他行为造成的。因此，研究时必须保证多个证据因素同时具备，且化石的保存状况良好，并在一定程度上可以对其状态进行解释。研究人员在中国辽宁省采集到了一件化石骨床，来自大约 1.25 亿年前的白垩纪岩层，包含了多只保存完整的恐龙。这些恐龙被古老的火山碎屑（火山泥流）活埋了。

在这一问题上存疑的是鹦鹉嘴龙（*Psittacosaurus*）。这是一种原始双足角龙，体型与拉布拉多相近。关于鹦鹉嘴龙有成百上千条化石记录，它是亚洲目前为止最常见的一类恐龙。人们在一次考察中发现了这么一件化石标本：尾巴上有羽毛状的刚毛，完整的皮肤上有明显的图案。对这件化石进行了详细研究后，科研人员和艺术家鲍勃·尼克尔斯（本书插画绘制者）联手复原了有史以来最为逼真精确的恐龙模型，其身体上部是深色的，下部是浅色的。这种色彩模式名为反荫蔽，是现代动物中常见的伪装形式，目的是隐藏个体的三维形状。这表明鹦鹉嘴龙生活在一个有着大量荫蔽物的环境中，例如森林。在其出土的岩层中发现的植物化石类型正好可以印证这个推论。

2004年，古生物学家将鹦鹉嘴龙骨床正式公之于众，引起了古生物学界相当大的反响。这一小骨床只有60厘米宽，其中有34只骨骼有序、大小相似的幼龙（头骨长度3到5厘米不等）与一个体型更大、年龄明显也更大的同类个体紧紧挤在一处。每只动物都被保存下了三维立体形态，栩栩如生地直立躺在地上，头部微微抬起。它们具有相同的特征，研究人员推测它们是亲子关系。这块骨床为孵化后的亲代抚育提供了证据，这是一项重大的发现。

但是一些古生物学家并没有被说服，并对其真实性和假定的行为提出了质疑。一个研究小组认为这件骨床只能确定有30只幼体，其中6只仅有头骨。虽然尺寸和保存状况与其他个体相似，但这些头骨并没有完全被包裹在岩层。同时，私人化石交易鱼龙混杂，非法收藏、出售、改造标本的情况屡见不鲜。据称，有收藏家将头骨添加到了原化石中来哗众取宠，以期炒高价格。因此，研究小组能确定的是，其中有 24 个幼体头骨同时出现，货真价实。较大的个体也受到了质疑，它的部分头骨和骨架牢牢地嵌在基质中，与一些幼体头骨交错在一起。

古生物学家们将这只较大的鹦鹉嘴龙与同一地区的其他大型骨架进行了行为对比，发现个体可能尚未成年。它的头骨长度仅有 11.6 厘米，几乎只有已知最大鹦鹉嘴龙头骨（可达 20 厘米）的一半。最小的头骨只有不到 3 厘米。研究人员在利用骨骼组织学特征确定年龄方面做了大量的工作。他们将大量的鹦鹉嘴龙化石数据与这个标本进行比较，推测出它死亡时大约是四到五岁。同一研究还发现，鹦鹉嘴龙至少到八九岁才会达到性成熟，因此这只较大的鹦鹉嘴龙并未到繁殖年龄。这就意味着这块化石中展现的行为不可能是亲代抚育，而是一个少年鹦鹉嘴龙（也许是哥哥姐姐）在临时照看幼龙宝宝。这些幼龙宝宝很可能来自多个巢穴。

这表明鹦鹉嘴龙在孵化后会进行群体合作，即幼龙父母委托其他同类在自己忙碌时照顾孩子。许多鸟类都会以这种方式合作抚育幼崽。不过在这方面，猫鼬才是现生动物中与它们最为相似的。猫鼬生活在大型群体中，在洞穴中看护幼崽。猫鼬保姆必须确保幼崽不受天敌（如狮子、鬣狗和老鹰）和恶劣天气伤害。这是一项艰巨的任务，在 24 小时的轮班过程中，与在外觅食的猫鼬相比，平均每个保姆的体重都会减轻 1.3%。有趣的是，小猫鼬的亲生父母从不看护自己的幼崽。当然，对猫鼬（哺乳动物）和鹦鹉嘴龙（爬行动物）进行具体的对比未免太过牵强，但这还是让我们了解到合作育崽所需的努力和能量成本。

图片由布兰登·海德里克（Brandon Hedrick）提供

图 2.9

尚未成年的鹦鹉嘴龙"保姆"，可以通过左边的大头骨辨识出来，与众多小鹦鹉嘴龙的完整骨架保存在一处。

　　在其他研究中也发现了埋葬在一处的不同年龄段的鹦鹉嘴龙幼体，这进一步为鹦鹉嘴龙的社会性群居推论提供了证据。这件幼龙保姆化石不仅记录了一种在恐龙中从未出现过的行为，而且恐龙保姆和其他鹦鹉嘴龙聚集在一处，还表明这个物种具有复杂的社会行为，这为我们展现了一幅更加完整的家庭生活画面。

图 2.10　跟上那个大家伙
下雨天，在一片茂密的树林中，
一只保姆鹦鹉嘴龙在前面带路，小家伙们小心翼翼地跟在后面。

恐龙死亡陷阱

1993 年，电影《侏罗纪公园》上映，其中凶猛无比、集体狩猎的伶盗龙（*Velociraptor*）让全世界的观众惊叹不已。而对于古生物学家来说，在那一年发现的伶盗龙体型巨大的亲戚——犹他盗龙（*Utahraptor*）才是当之无愧的明星。犹他盗龙是驰龙科恐龙（"掠食性恐龙"），体长大约 7 米，比《侏罗纪公园》中夸张版的伶盗龙还要大，让真正的伶盗龙相形见绌（伶盗龙实际上只有火鸡大小）。

除了一些头骨碎片、单独的骨骼和爪子，犹他盗龙留下的痕迹很少。由于缺乏完整的化石，人们对它的了解一直不多。然而，在最近发现的一块重达 9 吨的砂岩块中，发现了密密麻麻的犹他盗龙骨骼，这可谓是有史以来最伟大的恐龙发现之一。它不仅展现了这种恐龙的全貌，而且还可能揭示了与其他同类进行互动的方式。

"伶盗龙真的是成群结队地狩猎吗？"几乎每个古生物学家都会被问到这个问题。《侏罗纪公园》中的片段一直让大众认为伶盗龙具备社会性特征。然而，我们很难见到关于驰龙科群体狩猎或存在社会性互动行为的确切证据。

人们对于伶盗龙集体狩猎行为的推测源于几个广为人知的北美驰龙科恐爪龙（*Deinonychus*）标本（《侏罗纪公园》里的"掠食性恐龙"就是以它为原型）。这些恐爪龙与大型植食性恐龙腱龙（*Tenontosaurus*）的标本一起出土。正是这种关系引发了人们对于恐爪龙会合作捕杀体型更大的猎物的猜想。在这个问题上，也出现了其他解释：即一些恐爪龙可能只是在清扫同类尸体；或者，这些恐爪龙是被水冲走，恰巧被埋在了一起。但是人们也已经发现了恐爪龙和腱龙之间，可能存在着某种关系。

2007 年，研究人员在中国山东省发现了多道双趾型足迹，这是证明它们社会性互动行为的直接证据。驰龙用第三和第四趾站立，第二趾上有著名的镰刀状"杀伤爪"，在站立时会往后缩起，不接触地面。在一个标本中共出现了六个指向同一方向的足迹，平行且间隔很小，最大的单个足迹有 28.5 厘米长。这表明，这是一小群大型驰龙并排行走留下的足迹，可能反映了某种形式的群居或家庭行为。

之后，新的犹他盗龙化石被发现。2001 年，地质专业的学生马特·斯蒂克斯（Matt Stikes）在犹他州中东部摩押镇附近，拱门国家公园以北发现了一块类似人类手臂骨的东西。后来这个化石点被称为斯蒂克斯采石场。古生物学家收到这一消息后对该地点进行了考察，并确认这个骨骼是恐龙脚的一部分。辨识出更多骨骼后，他们意识到这一发现非同寻常。研究团队无暇为可能隐藏在岩层中的恐龙宝藏感到兴奋，他们必须先处理一个棘手的情况，即从一片广袤的山脊（现在叫"犹他盗龙山脉"）的顶部附近挖掘和搬运出这个巨大的块状物，同时又不能破坏任何脆弱的骨骼。

此次挖掘由众多来自犹他州地质调查局的古生物学家带队，包括犹他州的古生物学家、1993 年最初为犹他盗龙命名的科学家之一的吉姆·柯克兰（Jim Kirkland）。经过10多年实地挖掘，这块重达9吨的庞然大物终于被完整地从山脊中挖掘出来，并于2014年被运往盐湖城感恩节博物馆。此后，它又被转移到了盐湖城的犹他州地质调查局研究中心。研究人员需要花费很多年才能将这个岩块完全处理好，并将其中的故事完完整整地讲述给世人。从这块1.25亿年前的白垩纪岩层所需的精心处理中可以看出，这是一个规模庞大的恐龙墓葬群。

图片由吉姆·科克兰德（Jim Kirkland）提供

图2.11

在野外，犹他州拱门国家公园附近的斯蒂克斯采石场发掘现场，
9吨重的内含犹他盗龙骨架的岩块特写，该岩块被挖掘出来并整块移走。

图片（A）由斯科特·马德森（Scott Madsen）提供；
图片（B）由加斯顿设计公司（Gaston Design Inc.）提供

图 2.12

（A）在斯蒂克斯采石场发现的犹他盗龙幼崽的迷你前颌骨（鼻尖）；
（B）一具成年的犹他盗龙骨架。

　　这个骨骼排列密集的岩块中包含了多个犹他盗龙头骨和骨架遗骸，以及至少两只类似腱龙的植食性恐龙。这显然是一个了不起的发现，但更加令人难以置信的是这些犹他盗龙遗骸的骨龄不同。根据与目前记录在案的骨骼评估比对，研究人员发现其中有 1 个大型成年个体，1 个接近成年，5 个大约 2 岁，以及 3 个十分年轻的个体，大概还不到 1 岁。这为古生物学家研究犹他盗龙的生长阶段，尤其是它们的生长速度以及其随着年龄的增长所产生的变化提供了充足的材料。同时也可以用以评断它们之间的关系以及它们是否属于同一个家族。这些发现仅仅是这个巨型岩块的表面暴露出的信息，其深处隐藏着的标本数量可能是我们目前看得到的几倍。

人们同时发掘出多个处于不同生长阶段的犹他盗龙个体，特别是其中还有几个只有鸡崽大小的幼龙，这些证据表明这是一个家庭，至少是一个家庭的部分成员。然而，该遗址的地质以及包含了这些近乎原始的骨骼的砂岩块都表明一个事实：这群恐龙的死亡真相十分恐怖：它们深陷在流沙之中，被活活闷死了。

这件传奇般的化石似乎展现了一个掠食者陷阱。情况大概是这样：植食性恐龙先陷入了流沙之中，接着，犹他盗龙被眼前插翅难逃的大餐所吸引，纷纷到来，结果发现自己也陷入了困境。这些犹他盗龙是一大家子的设想似乎是最有可能的，即犹他盗龙照顾自己的幼崽并生活在大型群体（或小型群体）之中。尽管如此，还存在另一种解释，这可能是一个家庭和一群不存在家庭关系的个体。无论它们死亡的真实情况如何，这些不幸的猛兽都被困住而死于非命，并埋骨于此。这是恐龙集体受困于流沙中的第一个证据。

这件精美的化石可能会是证明驰龙群体狩猎和/或群体社会性以及亲代抚育的最有力的证据。然而，这项研究仍需进行多年专业、精细的准备工作，以及研究资金。因此在整个标本从岩层墓穴中挖出来之前，我们还无法了解关于这件化石的全部故事。

图 2.13 泥潭陷阱
一个犹他盗龙家族被一具腐烂的恐龙尸身的恶臭味所吸引，
但那些太急于享用大餐的恐龙却被困在流沙中，无法逃脱。

史前的庞贝城：被时间凝固的生态系统

美国黄石国家公园是世界著名景点。这片风光旖旎的仙境占地 7700 多平方公里，绝大部分位于怀俄明州。这里有令人啧啧称奇的间歇泉、赏心悦目的美丽风景，还有数不清的珍稀野生动物，每年都能吸引数百万游客。然而，许多人不知道黄石公园里有一座超级火山，喷发规模超过 834 立方公里。用专业术语来说，这是一个由火山自身塌陷形成的"破火山口"。它最后一次大爆发发生在 60 多万年前。

这些超级火山重塑了土地，让野生动物全部丧命，只留下满目疮痍的大地。只要把时间回溯到大约 1200 万年前，便能看到某次史诗级大喷发的直接后果。在这个独特的环境中，有一个适宜居住的水坑，水坑内外生活着数百只动物。超级火山的毁灭性喷发使这些动物全部死亡，被深埋在几米厚的火山灰下。

这个举世闻名的化石点位于内布拉斯加州，现在是一个国家自然地标，名为"火山灰沉积化石床"。火山爆发的源头是布鲁诺－贾比奇火山口，距离今天的爱达荷州西南部约有 1609 公里。这个破火山口是黄石公园火山危险地带的一部分。数千万年来，这个火山危险地带经过北美洲板块的运动，目前位于黄石破火山口的下方。由此产生的致命的火山云向东飘过大平原并开始沉降。曾经繁荣如热带草原的动物生态系统变成了尸横遍野的墓葬场。动物们死亡的姿态被保存了下来，仿佛一个史前的庞贝城。

1971 年，毁灭性自然灾害发生的第一个真正线索被发现。古生物学家迈克·沃希斯（Mike Voorhies）与身为地质学家的妻子简（Jane）在农田里散步时，发现了嵌在一层火山灰中的完整犀牛幼崽头骨化石。这个发现改变了沃希斯的一生。他意识到这件化石可能具有重大研究价值，可能会指引自己找到更多的化石。事实证明，他是正确的。6 年后，这里开始进行大规模的挖掘工作。结果证明，这个头骨化石中头骨与整个骨架相连，周围还有许多其他完整的骨架。在这里一度生活着各种各样的动物，包括原始的犀牛、骆驼和马。众多族群和家庭因吸入火山灰死亡。为了让其他人能够参观、学习和了解这里发生过的事情，工作人员将许多三维立体的骨架留在了发掘现场，并在确切位置上方修建了一座建筑。时至今日，该化石点的挖掘工作仍在继续，并有新的发现。

火山灰中含有微小的玻璃颗粒。试想一下，吸入这些东西会对肺部造成什么影响，更别提需要几个星期都处于这种环境中。吸入火山灰后，这些史前动物因为生病而接连死亡。这些马类、骆驼和犀牛的肺部受损都十分严重，以致在骨骼上形成了异常的骨质增生，这是由呼吸系统疾病引起的肺部衰竭的征兆，叫作 Marie-Bamberger 综合征（肥大性骨关节病）。

乌龟、鸟类和麝等小型动物被埋在 3 米厚的火山灰层底部附近。这证明它们最先被火山灰埋在下面，有些甚至可能是被活埋。小型动物的肺部容量较小，对火山灰毫无抵抗能力，它

图片由李·霍尔（Lee Hall）提供

图 2.14

（A）多具远角犀（*Teleoceras*）骨架保存完整，保持着原始的死亡姿态，它们被致命的火山灰埋葬，窒息而亡；（B）显示现场范围和各种骨架的远景图。

们在火山灰落下后不久便窒息而亡。中等体型的动物，如多种原始的马类和骆驼存活了至少有几个星期。但由于持续吸入有毒气体，它们最终也缓慢而痛苦地死去。其中一些动物的骨头有被啃食的痕迹，这表明一些食肉动物，如可以咬断骨头的犬类（它们的遗骸十分罕见，但也被发现过）曾在尸堆中大饱口福。

最后死去的是这个生态系统中体型最大的动物，犀牛。现代的犀牛通常是独居动物，但这些原始的犀牛不同，它们有时会形成小群体。100 多具大远角犀（*Teleoceras major*）的骨架化石在同一处出土，大部分都保存完好。这种犀牛外形酷似河马，体型为桶状，腿也相对较短，有着半水生习性。它的头骨非常大，雄性的头骨格外大，只有一只细小的鼻角。大多数骨骼年龄跨度较大，以雌性和年轻犀牛居多，老年雄性犀牛较少。一些犀牛母亲与依偎在身边的幼崽一起被埋葬；一些母亲死时嘴里还含着最后一餐（草）；还有一些在灰烬中留下了最后的足迹。研究人员在一头犀牛孕妇的产道中发现了一头尚未出生的小犀牛，这表明它死亡时可能正在分娩。这件标本与几件犀牛幼崽标本都能表明犀牛采取季节性繁殖的策略，在每年特定的时间生育，这点与野牛等现生哺乳动物类似。

根据犀牛的年龄、性别和数量，可以确定这个史前群体中存在明显的社会性结构，这些动物生死与共。不过对于它们是否常年生活在一起这点尚无定论。这个群体中没有年轻的成年雄性犀牛，年长的犀牛中雌性数量远超雄性，这表明它们很可

图 2.15　对即将到来的厄运毫无察觉的动物们

在日常生活中，整个动物群落成员包括桶状的犀牛、骆驼、马还有海龟。

它们围着一个大池塘，一只食肉的犬类在一旁虎视眈眈。

远处巨大的火山灰柱历历在目，死亡近在咫尺。

能奉行一夫多妻的繁殖系统，即几个占主导地位的雄性犀牛会
与多个雌性犀牛进行交配。

不妨花些时间好好想想这个奇特的故事吧。一座灾难性的、
致命的超级火山让世界看到了这样令人瞠目结舌、保存完好的
化石群遗址。火山灰沉积化石床提供了一个独特的视角，让我
们得以看到一个曾经繁荣的动物生态系统。这些动物贪恋当地
的水坑，不愿离开，却最终在这里窒息，被永远地困在这里。
它们的遗骸直至数百万年后才被偶然发现。

寄居在大贝壳里的鱼类

在南太平洋和印度洋的温暖水域中，生活着地球上最大的
软体动物——砗磲。这些巨大的软体动物体重超过 200 公斤，
体长可达 1 米左右。砗磲生活在物种丰富的珊瑚礁中，它们的
大贝壳成为各种动物的避难所，能够充作护盾来抵御掠食者。
同时砗磲还是鱼类的绝佳育儿所。这种共生关系名为"共栖"，
或者更具体地说是"寄居"，即两个物种相互影响，其中一方
获得全部利益，但不会对另一方造成任何伤害或阻碍。

许多双壳纲动物成为各种鱼类的宿主。共栖关系在整个动
物王国中普遍存在，因此可以假设在史前生态系统中也存在类
似的关系。然而，想要找到关于这种相互关系的确凿证据非常
困难。不同物种的化石虽然经常在同一地点出现，但进行研究
分析时必须十分谨慎，以确定它们之间是否存在具体、潜在的

相互关系，而并非只是偶然相遇。

叠瓦蛤是一个已灭绝的双壳软体动物家族，它们的标本十分常见，在全球各地都有发现，包括迄今为止发现的最大的已知双壳纲动物铂板蛤（*Platyceramus platinus*），其长度可以达到近 3 米。虽然它们的完整标本很常见，但通常都是扁平的，而且非常薄，这意味着它们一般很容易损坏、破碎，难以采集。

1929 年，人们从白垩纪的白垩岩沉积物（堪萨斯州的斯莫基希尔白垩岩）中采集到了一件来自 8500 万年前的铂板蛤化石，并在其中发现了一个新鱼种的三件标本。直到 20 世纪 60 年代，人们才意识到它们之间的关系很不寻常。这些沉积物中的某些鱼类化石总是在叠瓦蛤的壳内出现，古生物学家开始探究其原因。越是花费时间寻找这些双壳纲动物与鱼类之间的关联，找到的标本就越多，还发现了几个新的鱼种。这不失为一种巧妙的化石捕捞方式。

颇为引人注目的是，在斯莫基希尔白垩岩中发现的 100 多只叠瓦蛤中都藏有鱼类，这些双壳类动物中总共保存了 1200 多条鱼。来自科罗拉多州的其他标本也有类似记录。相同的例子有很多，它们有力地证明了这些标本反映出不同物种之间真实存在相互关系，双壳贝类与鱼类出现在一处而并非偶然。

在铂板蛤和其他双壳纲动物的巨大的壳中已经发现了多达 9 个鱼种，包括与弓鳍鱼、锯鳞鱼、须鳂和某种鳗鱼相关的小型鱼类。大多数贝壳里存在同一类型的鱼类的许多个体，但也有的贝壳中的鱼类属于多个物种。这表明它们也相互影响，并与双壳纲动物存在相互关系。值得一提的是，有些贝壳内部寄居的鱼类数量惊人，其中一个贝壳里有多达 104 条小鱼。它们是典型的鱼群，所有的鱼体长相似，属于同一个种。

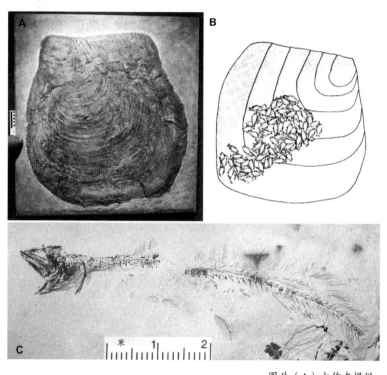

图片（A）由作者提供；
图片（B）由 J.D. 斯图尔特绘制，略有修改；
图片（C）由迈克・埃弗哈特（Mike Everhart）提供

图 2.16
（A）一只巨大的、保存完整的铂板蛤；
（B）插图所示为在一个铂板蛤壳内发现的多种鱼类；
（C）保存完好的 *Urenchelys abditus* 鳗鱼，在一只巨蚌内被发现。

图 2.17　避难所，也是坟墓
许多与弓鳍鱼、锯鳞鱼、须鳂和某种鳗鱼相关的鱼类生活在
铂板蛤巨大的贝壳内部与周围。

这些生命关联证明了铂板蛤和各种鱼类之间存在共栖关系。人们发现一些贝类保留了关于鳃的证据，这表明在鱼类与它们相互作用时，这些贝类是活着的。也有一些贝类没有鳃的遗骸。也许，无论贝类是死是活，这些鱼类都会在它们张开的贝壳中生活，将其当作躲避掠食者的避难所，或可能出于其他原因（可能是交配和觅食）居住于此。

那么，这些鱼化石为什么会出现在贝壳中？显然，这种关系对鱼类是有利的，但也会给它们带来致命的后果。不是因为叠瓦蛤会引诱鱼类并以它们为食，而是因为在死亡，或者支撑壳的肌肉和韧带被吃掉时，它们的壳会迅速闭合，那时壳内所有的生物都会被困住。因此，这些鱼极有可能在被困住时还是活着的，但它们无路可逃。许多鱼类在被发现时通常位于贝壳的最拱凸处，这里可能是贝壳内最后剩余氧气的位置，因此鱼类在此聚集。与许多生活在巨蚌壳内的现代珊瑚鱼一样，在这个史前生态系统中，类似的致命关系也很常见。

雪山乳齿象：小型动物的避难所

许多伟大的化石都发现于偶然，有时会在不寻常的地方或奇怪的情况下被发现，这在古生物学中很常见。在美丽的科罗拉多落基山脉的滑雪胜地雪堆山村附近，一项水库扩建工作的开展，成为了一个极其重要的高海拔冰川期化石点的发现契机。

齐格勒水库化石点，或简称为"雪山乳齿象化石点"，历史可以追溯 5.5 万至 14 万年前的更新世时期。在当时，这里还是一片围绕着温暖湖泊的针叶林。随着时间推移，这里逐渐演变为了凉爽干燥的沼泽或湿地，成为吸引许多远古动物的理想栖息地，很多动物在此处繁衍生息。

2010 年 10 月 14 日，推土机驾驶员杰西·斯蒂尔（Jesse Steele）有了一项令他终生难忘的发现。那天，他正在用推土机例行推土，车铲突然铲出了两根巨大的肋骨。下车检查时，他又发现还有一些骨骼埋在土中。难以置信，他碾过了一头哥伦比亚猛犸象的骨架。这些发现吸引了丹佛自然科学博物馆的古生物学家，他们申请在此开展一项大规模的挖掘工作并获得了许可。冬季很快到来了，当时天气条件恶劣，加上工程方需要在 2011 年 7 月 1 日前恢复施工，这意味着研究团队不得不与时间赛跑，尽可能多地采集化石。这样的发现并不常见，古生物学家必须把握住每一个机会。

挖掘工作几乎即刻开展，散落的骨骼化石四处可寻。但是大雪和冰冻的地面阻止了团队的工作推进，他们不得不停滞 6 个月。虽然知道这里埋藏了巨大的化石宝藏，可他们只能耐着性子等待，这对于古生物学家而言实在是噩耗。当挖掘工作重新开始时，他们只剩下 7 个星期的时间来进行挖掘。

包括科学家、志愿者和施工人员在内的几百人组成了一个庞大的团队，进行了科罗拉多州史上最大的化石挖掘活动。科罗拉多州拥有丰富的化石遗产，又是侏罗纪恐龙的最佳探寻地点之一。在这项工作中共挖掘了超过 6400 米高的泥土，大部分是人力挖掘完成；采集了超过 30000 块骨骼以及保存完好的植物和无脊椎动物化石。其中的巨型动物包括曾经原产于科罗拉多州的骆驼、野牛和巨型地懒等灭绝物种，以及今天在同一地区仍存的鹿、黑熊、郊狼和大角羊的化石。

所有的化石中，体型最大的是强大的乳齿象和猛犸象，它们都是现代大象的表亲。大多数哺乳动物的遗骸属于美洲乳齿象（*Mammut americanum*）。本次发现意义重大，研究人员采集到了至少 35 件美洲乳齿象标本，之前在整个科罗拉多州只发现过 3 只乳齿象。这里还出土了至少 4 具稍大的哥伦比亚猛犸象（*Mammuthus columbi*）的部分骨架。它们都是更新世时期最大的陆生动物。仅仅一具这样的庞然大物的尸身，就可以为无数大大小小的食肉动物提供几个星期的口粮。那么其他骨架又是怎么回事？这些骨架来自于向猛犸象寻求庇护与住所的小型动物，它们共同生活，也一同赴死。

巨型动物并不是雪堆山村唯一的关注点，这里还发现了各种各样的小型动物群落。作为挖掘工作的一部分，古生物学家收集了该地区原生的小型哺乳动物的化石，如鼩鼱、海狸、松鼠和花栗鼠，还有各种鸟类、爬行动物和两栖动物。到目前为止，这里最常见的小动物是虎皮蝾螈，即虎纹钝口螈（*Ambystoma tigrinum*），一共有超过 22000 块骨骼记录。北美仍然存在相同种类的蝾螈，它们通常被当作宠物饲养。虎皮蝾螈是科罗拉多州唯一的本土蝾螈。随着挖掘工作结束，这些已出土的化石的神秘面纱正在慢慢揭开。

图 2.18　雪山乳齿象群落

在两只美洲乳齿象陈列多年的骨架内外生活着各种各样的小动物。

图中有一只鹤、一只雀、一只蜥蜴、一个花栗鼠家族、一只灰松鼠、

一只老鼠、两只田鼠、一条蛇、一群虎皮蛱蝶和上百只石蛾。

对新采集的骨骼的清理工作完成后，人们在其中发现了各种各样细小而精致的小型动物遗骸。这是一个意外之喜。在一只乳齿象的清理准备工作中，研究人员在其牙髓腔里发现了一具保存完好、部分完整的虎皮蝾螈骨架。这只蝾螈也许是为了临时躲避掠食者或恶劣的天气才爬到了这里，或者这里是它的长期住所。其他几个乳齿象的牙齿中也被发现塞满了细小的蝾螈骨头。这一物种依旧存在并大肆繁衍，现生蝾螈可以帮助我们了解它们史前近亲的所作所为。

虎皮蝾螈生活在地下洞穴、岩石下，以及池塘、湖泊和溪流附近的原木内。鉴于乳齿象死于水源附近或水中，它们巨大的原木状的骨骼和长牙似乎是虎皮蝾螈理想生存环境中的完美避难所。从大量的骨骼可以看出，史前雪堆山村的环境适宜蝾螈生存。在乳齿象骨骼和牙内发现的许多同时代的小型动物遗骸表明它们也生活在这些大型骨架的内部及周围。

这种非同寻常且独特的关系可以作为生态学上的确凿证据，展现了这些动物彼此之间以及与所处环境之间的影响。不难想象蝾螈躲在象牙里躲避灼热阳光，或是松鼠和花栗鼠在骨架里跑来跑去的场景。这个故事看似很合理，但你可能无法听到这些化石亲口讲述。不过，幸好还有古生物学家来挖掘这些被掩埋的故事。毫无疑问，两个动物群跨越数千年建立起了相互关系，让死去的古老巨兽焕发新生。

巨型浮动生态系统：侏罗纪海百合群巨筏

在博物馆里欣赏展品时，偶尔会有一件物品令你顿时屏住呼吸，你知道它会永远留在你的记忆中，成为无法磨灭的一部分。作为一名古生物学家，我常常会看到一些令人无比震撼的化石，但要说我见过的最壮观的化石，那一定是世界上最大的海百合群。它们是侏罗纪的巨人，全部延伸开面积超过 100 平方米。

海百合类动物又被称为海百合和海羽星，常被误认为是水生植物。实际上它们是一种棘皮动物，海胆和海星等都属于棘皮动物门。这些海洋滤食性动物最早出现在距今 4.5 亿年的化石记录中。目前在全球的浅水和深水中生活着约 600 种海百合。

2017 年 3 月，我陪同朋友古生物学家斯文·萨克斯（Sven Sachs）来到了豪夫史前世界博物馆，这是我们在德国南部研究旅行的一站。博物馆位于以侏罗纪早期化石闻名于世的霍尔茨明登县，馆内陈列着该地区最具代表性的标本，由豪夫家族四代人收集而来。现任博物馆馆长罗尔夫·伯恩哈德·豪夫（Rolf Bernhard Hauff）继承了这笔遗产，从事化石的收集、清理和研究工作。我正是在参观博物馆时遇到了罗尔夫，他带我参观了博物馆，并向我介绍了这件巨大的海百合化石。这件化石发现于 1908 年，经过了 18 年的准备工作才得以展出。

图 2.19
豪夫标本，巨型漂浮的海百合类次棱角链海百合及其特殊细节特写，
现展于德国霍尔茨明登县豪夫博物馆。

它就像一件美丽的自然艺术品，这个巨大的群落由几百个
大大小小的海百合个体组成，其中一些海百合体长超 20 米，

冠部直径达 1 米。它们都属于次棱角链海百合（*Seirocrinus subangularis*），有一个长长的绳状茎、一个大大的杯状冠和许多羽毛状的触手，用来捕捉水中的微小食物。这些海百合类生物不是附着在海底，而是附着在一个巨大的 12 米长的树干上。海百合大多附着在这个巨型漂浮原木的底部，旁边还有无数结壳的牡蛎。对于这些生物而言，这根浮木就像一个巨大的开放性基质。海百合倒挂在水中，利用这种关系蹭了一张免费的车票，随着原木漂流穿越温暖的热带海洋，逐渐形成巨大的滤食性可繁殖成年动物群。

次棱角链海百合一旦附着在某个地方，就无法再移动。因此，年轻的、自由漂浮的海百合幼虫必须先在巨大的原木上定居，然后在这里生长至成年，把这里圈为自己的地盘。许多附着在原木上的海百合都已成年，因此，将它们的生长速度与次棱角链海百合属的现生近亲的生长速度进行比较，可以判定这些巨筏上的居民可能已经在此盘踞了 10 多年，甚至可能长达 20 年。这甚至超过了现代同类木筏系统的预期寿命。

随着时间的推移，原木腐烂、被水渗透，再加上海百合和其他附着动物（如牡蛎）的重量，原木最终沉没。海百合与相关动物群落在死亡后被埋在缺氧的海床中，它们的尸身在那里被完美地保存下来。这个化石群是化石记录中最大的原位（仍然保存在原来的环境中）无脊椎动物聚集地之一。

漂流聚居地非常难以保存，但这个发现并非绝无仅有。研究人员在大约 100 个不同大小的标本（尽管没有豪夫标本那么大）中发现了类似的特殊群落，而且几乎所有标本都来自霍尔茨明登县及其周边地区。其他海百合物种也被发现附着在原木上。全球各地都发现了此类标本，这表明这种特殊的适应性使得海百合得以在远古海洋中随流远行。

可以用现代的浮木群落进行类比。当树木被冲入海洋中时，它们可以成为几十种动植物的重要栖息地，其中包括双壳类动物、海葵和藤壶等甲壳类动物。这些漂浮的木筏也吸引了以相关生物为食的鱼类、海龟和海鸟。

与现代漂浮原木一样，这些巨大的远古漂浮巨筏不仅是海百合的漂流家园，它们巨大的尺寸似乎也为一个多样化的动物生态系统提供了很好的掩护。虽然没有发现直接关联，但大量海洋动物与这些海百合保存在相同的岩层中，如鱿鱼状的菊石、箭石、鱼类和海洋爬行动物（如鱼龙）。据推测，这些生物与木筏的相互关系与现代物种的相互关系相似。这些 1.8 亿年前的化石群为我们提供了一个非比寻常的远古生态群落快照。

图 2.20　瞬息万变的绿洲

一艘巨大的次棱角木筏漂浮在海洋上，为菊石、箭石和鱼类等动物群落提供了栖息地。两只好奇的苏瓦本鱼龙（*Suevoleviathan*）正在探察巨筏。

第3章　迁徙与建造家园

角马大迁徙是大自然中的一大奇观。在这场波澜壮阔的年度大迁徙中，100多万只角马和其他数千动物在肯尼亚和坦桑尼亚之间进行为期一年的长途跋涉。这是地球上规模最大的陆生哺乳动物迁徙。这1000公里的往返旅程危机四伏，它们不得不穿越水流湍急、鳄鱼出没的河流，躲避世界上最大的狮群，与此同时还要照顾新生的小角马。它们要面对掠食者、疾病、饥饿、干渴等多重威胁以及精疲力竭的危险。每年都有几十万只角马无法完成迁徙。

为了探寻最丰饶的觅食地并沿途探索新的地方，角马们选择远行寻找配偶，传递自己的基因，获得生存优势。与这些相比，途中不可避免的致命危险仿佛微不足道。然而，无论是角马和同伴踏上穿越陆地的旅程，还是鸟类飞过漫长、创纪录的距离，又或是鲸类游行数千英里，从本质上来讲，这些行为的最终目的都是为了生存。

各个物种进行迁徙的原因大不相同，可能因为天气的季节性变化，也可能是需要寻觅食物和配偶，又或者逃避天敌，甚至仅仅是为了拉伸一下腿部肌肉（如果它们有腿的话）。在迁徙中，动物往往会留下证据，最明显的就是各种足迹。通过观察足迹的形状、大小以及其他众多因素，可以确定足迹的主人是哪种动物，是"自驾游"还是"跟团旅行"，移动速度如何，甚至还能推断出在这个过程中它是狩猎者还是猎物。

住所也可以透露很多动物生活的信息。永久或暂时待在栖息之所中，是许多动物为了提高生存能力所演化出的主要适应方式。栖息之所可以是简单的地洞、恰好能容身的山洞或树洞，也可以是更复杂的、又深又宽的洞穴或错综的巢穴。这样的栖息之地为动物提供了保护，使其免受掠食者和极端天气的影响。它们可以在这里养育幼崽、储存食物，也能放松休息。

这些动物建筑师一生中必须做出的重大决定，是谨慎地选择建造家园的地点与时间，无论是前往陌生而遥远的地方寻找理想地址，还是简单地在附近挑选住址，找一棵最顺眼的树，又或是在岩石缝隙间安家。但是，这种私人定制小屋的居住者并不总是建造者。有些动物会耐心等待，在其他动物建好巢穴后便进去当个房客。甚至还有更糟的，它们会赶走原住户，把巢穴据为己有。

这个栖息之所也许是动物一生的归宿，也可能只是一个为某个特定目的服务的临时住所。小小的白蚁是最专注的建造者之一。有些种类的白蚁在地下筑巢，建筑工程包括相互连接的房间和隧道，还有巨大的大厦般的高出地面 10 余米的泥丘。这些房屋需要容纳庞大的白蚁家族，工期可能长达几年。

另外，临时住所往往有着主要用途，例如，用作怀孕北极熊的产房。在冬季，雌性北极熊不会去猎取食物，而是会挖像冰屋一样的雪洞作为临时避难所，这样一来，雌性北极熊在躲避外界干扰和掠食者的同时可以安全地产下幼崽，并在幼崽最脆弱的时候抚育它们。建造这样的住所需要付出极大的心血和努力，但多数情况下的临时避难所十分简单，建造起来只需要花费很少的精力，甚至根本不需要费力。这些住所可能很简陋，比如下雨时为老鼠挡雨的一根木头，或是一块石头下狭小的空间，也可能是一些古怪的东西，如章鱼携带软体动物的空壳（甚至是椰子）用以隐藏自己，避免被天敌或猎物发现。

研究现生动物的这些足迹和痕迹有助于我们更全面地了解动物个体的生活，探究它们与所处栖息地之间的相互关系。我们也许可以沿着足迹找到足迹尽头的动物，或者查看洞穴内的情况。最重要的是，我们可以实时检查它们留下的痕迹。想要识别痕迹的制造者通常并不困难，但这项工作一旦涉及化石就没那么容易，不过情况还是比在熊洞里遭遇一只活熊要好很多。

动物一生可能会留下无数的足迹、几处住所和其他痕迹，但是只能留下一副骨架。节肢动物则是个例外。尽管只留下一具尸体（真实的尸体），但它们会经历多次蜕皮。把这种逻辑应用于化石研究中，就更容易理解为什么在许多情况下痕迹化石比实体化石更为常见。在大多数情况下，我们可以判断出是哪种类型的动物留下了某种痕迹，但几乎不可能明确它属于哪个种。只有在极少数情况下，痕迹和遗体都是由同一个体留下的，且二者一起被保存了下来。

　　弄清早已灭绝的动物的迁徙和安家的方式，能为揭开几千年前乃至几百万年前的故事提供关键性线索。这项工作面临着巨大的障碍，我们无法从化石中看出这些古老的动物如何迁徙或建造家园。那么，是否有足够可靠的证据来证明这些行为？在证明过程中，是否能够套用我们在研究与解释现生物种时使用的方法？虽然这个思路从理论上来讲是可行的，但真正实行起来可能会遇到许多问题。

　　痕迹化石和洞穴为了解一般史前动物的行为提供了最佳的直接证据。对足迹和其他此类痕迹化石的研究被称为遗迹学。以足迹为例，通过仔细研究足迹的形状和类型，并将其与在相同时期的岩层或史前栖息地发现的动物的脚部解剖结构和大小进行比较，便可以推断出是哪一类动物留下了这些足迹，但似乎无法精确到具体的物种。不过，还是可以再往前迈一步。

　　如果我声称找到了一个几百万年前的洞穴，当时打洞的动物还在里面，或声称我们掌握了史前动物迁移的证据，你会相信吗？尽管可能性甚微，但这种万中无一的化石确实存在。在本章中，我们将深入探讨这些史前搬家工和房屋建筑工的行为。

迁徙的哺乳动物：渡河悲剧

　　探悉现生哺乳动物群的行为，知悉它们必须克服的障碍，这极大地帮助我们了解与其对应的史前物种。经过详尽的探索与广泛的研究,北美的化石点出土了一批令人叹为观止的化石群。1970年,来自芝加哥菲尔德博物馆的团队在怀俄明州南部猎取化石时惊讶地发现,在一个不到100平方米的墓地中埋葬了至少25头类似犀牛的雷兽。这块墓地的发掘工作历时3个夏天。

雷兽和犀牛、马和貘有亲属关系,如今已经灭绝。它们体型大而笨重,在外表上很像犀牛,有些种长有精致的角。雷兽化石主要分布于北美西部和亚洲中部。在怀俄明州发现的骨架都属于后鼻雷兽(*Metarhinus*),即一种马类大小的无角雷兽。通过研究牙齿可以看出这些骨架的年龄跨度较大,有几个月大的极其年轻的个体,也有年迈的雄性和雌性。

这个单种群(只包含同一物种个体的群体)很可能是曾经的巨型雷兽群中的一小部分。这些骨头排列紧密,出现于同一岩层中,这清楚地表明它们是同时死亡的。但是它们具体遭遇了什么仍是一个谜,答案隐藏在埋藏它们的岩层中。

这片墓地的地质情况表明,这些动物被保存在史前洪泛区的沉积物中。这些沉积物来自一次山洪暴发,这说明它们死于一次悲惨的天灾。在与标本相同的岩层中没有发现其他大型或小型哺乳动物,或其他脊椎动物,这进一步证明了,这是一桩发生在单种群中的集体瞬时死亡的意外事件。

暴雨导致一条河流决堤,洪水泛滥,雷兽群不得不迎难而上,在危局中寻觅生机。这对一些雷兽而言实在是太难了。哺乳动物群经常渡河，通常无须担心，但也会出现一些危险，有时群体成员会在渡河时陷入困境。洪水泛滥或水流湍急时，大群动物过河时往往会被绊倒，陷入泥中，还可能被同伴踩踏，或者被推到水下，甚至会误判对岸高度。因此，经验尚浅或是年老体弱的成员更容易犯这种致命错误，这恰巧与标本中几只不幸遇难的雷兽的年龄相吻合。

不管是什么原因使它们渡河却又最终死于途中，这些不幸的雷兽都被洪水吞没了，它们的尸体被冲到下游，堆积在那里。可能有许多成员（也许不是全部）是溺水身亡，并且在尸体被冲到最终的埋尸地前就已经断气。尽管这些雷兽与现代角马相隔 4000 万年，但二者的尸骨堆积有着明显的相似之处。角马在大迁徙期间试图穿越马拉河时，也会出现同样惨烈的情况。

这个集体死亡的场景中记录下的就是这样一个特别的时刻：曾经一个庞大的雷兽族群中的小部分雷兽在史前的滔天洪水中死亡。兽群的形成有许多原因，其中最重要的一点便是保护作用，因为"数量越多越安全"。社会性行为因群体而异，但与现代的许多哺乳动物群一样，这个史前兽群由不同年龄和性别的动物组成。也有证据表明，至少在一段时间内，成年雷兽与雷兽幼崽生活在一起，并照顾这些幼崽。

这一发现为证明史前哺乳动物群的社会性提供了非常有力的证据。这种社会性一直延续至今，也是从众行为的一个主要成因。

图 3.1 雷雨夜渡河悲剧

一大群雷兽试图渡过湍急的河流，结果全部丧命。

跟随领袖：最早的动物迁徙

三叶虫是一个已灭绝的海洋节肢动物群体，其化石极其容易辨认。它们种类繁多、令人着迷，其遗骸在各大洲均有发现，留下的化石记录丰富。它们是最早演化的一批节肢动物，至少有 5.21 亿年的历史。它们于 2.5 亿年前地球上最惨烈的大灭绝时期灭亡，也就是二叠纪末期。早在恐龙出现之前，三叶虫就已经成为它们脚下的化石。

在远古原始海洋中，三叶虫就和它们现代的甲壳类动物表亲一样常见。到目前为止，已经发现并确认了超过 20000 个三叶虫种。不过尽管三叶虫化石采集量丰富、对其开展的研究广泛，我们却很少寻找到关于它们行为的直接证据。因此，古生物学家在发现仿佛在跳康筛舞的"列队"三叶虫时倍感惊喜。

在摩洛哥东南部扎戈拉镇附近，研究人员从 4.8 亿年前的奥陶纪岩层中采集到了多组名为古头带虫（*Ampyx priscus*）的三叶虫化石。它们没有眼睛，长有 3 根脊椎。这是已知最古老的盲眼动物，在为盲眼动物带路（只是字面意思）。法国南部也发现了同一物种的奥陶纪列队化石。

这些古头带虫队列化石中的个体数量从 3 个到 22 个不等，所有的三叶虫头部都朝向同一个方向，首尾相接，逐一排开。它们的身体和 / 或脊椎往往相互接触或重叠在一起。队形通常很完整，没有一个是拆散的，这代表队列中都是真正的虫尸，而非蜕下的外骨骼（或蜕下的皮）。这些细节表明，行进中的三叶虫被保存在它们死亡时的原始位置，说明这些群体是在活着或者死后立即被掩埋，它们的死因可能是一场风暴。

这种现象并非只出现在古头带虫身上。不止摩洛哥，波兰、葡萄牙和其他地方出土的三叶虫化石也出现了类似的明显的队列。人们在波兰中部圣十字山脉 3.65 亿年前的泥盆纪岩层中发现了 78 个三叶虫队列，每个队列都有多达 19 个排成一列、首尾相接的个体。这些三叶虫都是另一类名为三跗节虫（*Trimerocephalus*）的盲虫。它们与古头带虫的标本一样，以单向的方式排列，身体相互接触，并在原始位置保存了下来。

是什么造成了它们的列队死亡？一些人认为，三叶虫在洞穴中形成了队列，又被埋在其中。还有些人认为，它们是被水流聚集起来的。这两种解释都站不住脚。首先，没有证据或任何迹象能表明行进中的三叶虫被埋在洞穴或隧道内。其次，标本保存完好、身体相互接触、单向性排列，这些条件都能排除它们是被海流随机聚集到一起的可能性。

那么，真正原因究竟是什么呢？当代各种节肢动物在迁徙时也会形成类似的队列。最典型的例子是刺龙虾，这种生物会进行大规模的单列迁徙。它们迁移可能是为了躲避季节性风暴，或是为了前往繁殖地。这些龙虾的前一个体的尾扇与后一个体的前部附肢（如触角）相接，排成了一条长链，以这种姿态接连几天日夜兼程地迁徙到很远的地方。以这样的长链队列行进，可以减少水流阻力，节省体力，并减少被掠食的概率。

这种季节性的迁移行为与三叶虫的队列非常吻合。它们排成队
列也可能是迫于环境压力（如风暴）和／或为了到达遥远的繁
殖地。没有眼睛的三叶虫会跟在领头者之后，依靠附器的物理
接触（如古头带虫长而突出的脊椎）或是化学通信手段来定位、
加入和跟随队列。

　　三叶虫并不是唯一被发现存在类似生物联系的远古节肢动
物。这种集体行为最古老的明确证据，来自中国澄江 5.2 亿年
前的寒武纪岩层中发现的一种奇怪的、形似小虾的节肢动物。
许多名为连虫（*Synophalos*）的生物群体被发现，它们以单向
的链状队列交错在一起。队列中有 2 到 20 个个体不等，前一个
体的尾扇会插入后一个体的甲壳中。*Synophalos* 的意思是"在

图片（A）由让·华尼耶（Jean Vannier）提供；
图片（B）由布瓦泽伊·布瓦泽伊夫斯基
（Blaej Blazejowski）提供

图 3.2

（A）迁移的古头带虫在化石中保持着首尾相连的姿
态，这些化石采集于摩洛哥扎戈拉镇附近；（B）现
生刺龙虾的迁徙队列，图片拍摄于巴哈马群岛。

海底结伴而行"，源于它们被发现时的列队姿态。人们起初假设这些连虫形成一个队列整体在水柱中游动，这与以往出现过的生物前进方式都不同。还有些人推测，它们的行进方式会更像刺龙虾和三叶虫，而非在海底齐头并进。后一种假设成立的可能性似乎更大。这些原始的社会性节肢动物可能和古头带虫和三跗节虫一样，在迁徙的路上集体死亡。

在 5 亿多年前，地球上出现了首批演化出大脑与感觉器官的动物。这些早期的节肢动物，利用这些特性首先演化出了复杂的集体行为与协调的迁徙聚集行为，从而提高了它们在这个飞速发展世界中生存与繁殖的概率。

坐在侏罗纪海湾

在沙滩上行走，将足迹留在沙滩上，这意味着你的行为痕迹被瞬间捕捉到。和我们一样，恐龙也会留下它们的足迹，并且没有全部被时间抹去。足迹是最常见的恐龙痕迹化石，在全球范围内都曾被发现。

通过研究恐龙足迹，可以找到很多关于恐龙行为的信息。例如，它是在沙滩上走"之"字形，还是停下来改变了方向，是在走路还是奔跑，身后是否有跟踪者，还是在兽群中集体行动。这些类型的场景讲述了一些最为直观的故事，有时，最罕见的足迹恰恰是由一些简单的东西造成的。

19 世纪 50 年代，在马萨诸塞州发现了一块咖啡桌大小的

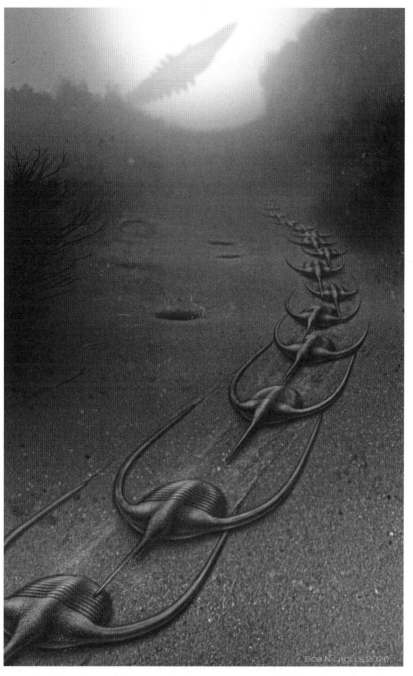

图 3.3　跟随
远古时期，迁徙的古头带虫在海底排成一列行进。

岩石，里面保存下了一对漂亮的兽脚类恐龙足迹，还有长长的跖骨印。这块侏罗纪早期的化石记录下了一个休息的痕迹，捕捉到了这只恐龙蹲坐在泥地里休息的瞬间。人们最初认为该痕迹是由一只巨鸟留下的，因为已灭绝的兽脚类恐龙是双足动物，它们的足迹与现生鸟类的足迹惊人的相似。

在这条痕迹的两侧，岩石表面覆盖着许多微小的球形印记。人们起初将这些标记解释为雨滴的印记（这些印记确实可以保留在化石中）。如果是这样的话，那么这件化石记录的便是相当沮丧的一刻：一只侏罗纪恐龙坐在海滩上无奈地等待雨停。然而，有人认为，这些"雨滴"更有可能是恐龙坐下时挤压出的侏罗纪泥浆气泡。无论那些球形印记是什么，这件化石都令人浮想联翩。类似的化石还有很多。

在十多件恐龙痕迹化石中，都呈现出了类似鸟类的休息姿势，每件化石中都有成对并排的足迹和跖骨印。痕迹所表现出的休息状态，并不一定意味着其制造者没有进行任何活动。相反，这可能表明动物需要时间来自我清洁、进食、饮水或做类似的事情。

有个特别的例子，来自犹他州西南部约翰逊农场中的一个同样古老的足迹化石点。这个化石点叫作圣乔治恐龙发现化石点，那里有各种动物（主要是兽脚类恐龙）在大约 1.98 亿年前的泥泞海滩上行走留下的几条足迹（这一足迹表面也确认出现了雨滴状印记）。在该化石点的正对面有一条长 22.3 米的明显足迹，记录了一只兽脚类恐龙在斜坡上停下了脚步，不知坐了多久后站了起来，离开时先迈了左脚。

人们发现化石足迹很少与反映其他行为的痕迹化石同时出现。但在这个案例中，这只兽脚类恐龙不仅蹲下身子，拖着脚步摆出了一个舒适的姿势，还以鸟类的姿势休息，并且留下了臀部周围厚厚的皮肤印记（臀胼胝，臀部结实的结缔组织性皮

图片来自爱德华·希区柯克（Hitchcock, E.）《新英格兰遗迹学：关于康涅狄格
河谷砂岩特别是其化石足迹的报告》（波士顿：威廉怀特出版社，1858 年）

图 3.4
来自马萨诸塞州的侏罗纪早期兽脚类恐龙的休息痕迹，
显示出了保存完好的跖骨印和苹果大小的"屁股印"。

图 3.5　休息的好去处
开始下雨了，一只双脊龙在泥泞的海滩上休息。
根据在犹他州的圣乔治恐龙发现遗址发现的兽脚类恐龙休息痕迹绘制。

肤）、尾巴的痕迹，甚至手爪印。这些手爪印提供了关于它们的结构和解剖学姿势的细节信息。它们手爪心相对（就像拍手一样），而不是像《侏罗纪公园》中臭名昭著的"兔子手"那样手心朝下。

既然说到了《侏罗纪公园》，在邻近的亚利桑那州年代稍近的岩层中也发现了电影中双脊龙（*Dilophosaurus*）的遗骸。虽然无法确定是哪个物种留下了这个痕迹，但从足迹、手印和蹲姿的大小可以判断，这是由一只中型兽脚类恐龙（体长约 57米）留下的，体型与双脊龙相当。因此双脊龙是个合适的替代模型。你或许想知道这里有没有酸性液体的痕迹，但很可惜这里并没有发现。没有任何证据表明双脊龙（或任何恐龙）会吐酸性液体。

这种化石的含金量远远超过一般的恐龙足迹和其他痕迹化石。它使我们从坐着、休息这样普通简单的行为中提取到了大量的信息，得以窥见恐龙一天中的一个生活小片段。

死亡旅途：侏罗纪鲎的最后一程

想象一下，有这样一种动物：它有坚硬的圆顶形盾牌保护身体，一条长长的尖尾巴、十条腿、好几只眼睛，还有蓝色的血液。这听起来像是电影中的外星人，但实际上描述是鲎。自从近 5 亿年前首次出现到被形成化石，这类古老动物的整体身体结构几乎没有发生过变化。别被它们的名字所误导，实际上它们不是螃蟹，而是与蝎子、蜘蛛等蛛形纲动物关系更为密切。

德国南部巴伐利亚州的索伦霍芬有个著名的化石点。在附近的多个石灰岩采石场中，出土了包括鲎在内的侏罗纪晚期化石。这些化石是大规模石灰岩开采带来的意外之喜，可以追溯到罗马时代。在这里发现了许多保存完好的标本，是寻找侏罗纪晚期化石的绝佳地点，也是每个古生物学家必去的考察地点之一。

侏罗纪晚期的索伦霍芬地区存在众多潟湖，它们是生机盎然的群岛的一部分。许多潟湖中含有从附近温暖的浅海冲入的高浓度盐分，导致底层附近海水混浊、没有氧气。大多数不幸落入这些有毒的底层水域的动物只能等死。

2002 年，在靠近索伦霍芬的温特斯霍夫村的采石场发现了一块特殊的鲎化石。试想一下，当你走进一个采石场，发现一只 1.5 亿年前的鲎从石灰岩中探出了头。在进行调查时，你注意到这只鲎后面的石灰岩上有着众多痕迹。沿着这些痕迹仔细观察，小心地用锤子和凿子劈开岩石，才发现这些是鲎留下的痕迹。这是世界上已知最长的死亡足迹化石，其中的痕迹及其制造者一起被保存在生命最后一程，成为史诗般的死亡旅途，学界内称为"死亡痕迹"。

很难确定鲎是如何陷入了这种史前困境中的。有一个合理的猜测，在索伦霍芬，动物经常被猛烈的风暴或洪水冲进这些潟湖中的剧毒陷阱。只有少数极其顽强的动物，如鲎，在到达潟湖底部时仍然活着，因此它们在水底宁静的软泥中留下了足迹。这种特殊的鲎属于沃氏中鲎（*Mesolimulus walchi*），是中鲎科中最顽强的物种，它竟然在水底留下了一条长达 9.7 米的足迹（在怀俄明州恐龙中心，我与古生物学家克里斯·拉凯合作对其展开研究并正式对其进行特征描述）。留下这条足迹的是一只小鲎，体长仅有 12.7 厘米。这与现生鲎的情况类似，在受到惊吓时，年轻、没有经验的鲎会游到垂直水层中，成年鲎通常不会。这种行为习惯有可能使这只未成年的侏罗纪鲎更容易被冲走。一个更大胆的猜测是，这只鲎被翼龙等掠食者不小心丢进了潟湖。在索伦霍芬已经发现了许多翼龙物种。但这个假设已经被排除，因为这只鲎身上没有掠食者留下的痕迹。

　　由多个脚、腿和尾巴痕迹形成的褶皱表面以及头部的一处甲壳状圆形凹陷，标明了足迹的起点。这反映了它被抛入潟湖的状态，也许它是在一场风暴中跌入水中，仰面着地，并挣扎着摆正自己的身体。现生鲎会倒着游泳，这种行为多见于未成年的鲎，而且它们往往会仰面休息。仰卧时，它们会左右摇晃身体，用尾巴来摆正位置，有时会在沙地上留下一个圆形的凹陷（来自头部甲壳），这可以解释在这条化石足迹起点处出现的褶皱表面。这只鲎翻转身体，准备前进，它穿过漆黑的潟湖底，柔软的泥浆记录下了它最后的动作。

　　这条足迹不是一条直线。足迹起初笔直，后来渐渐蜿蜒，常常出现突然的动作。例如，身体转向，展现了其行进方式的改变。在整个足迹中，有一处额外引人注目：那条长长的带刺的尾巴，可以由位于两侧足迹之间的一条直线来识别。这表明

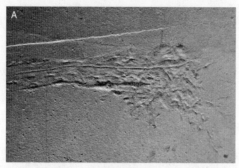

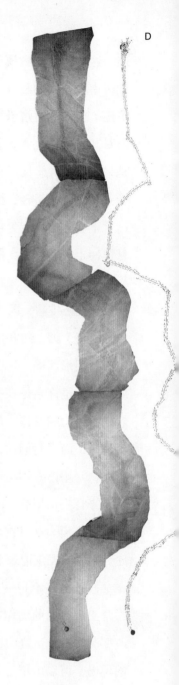

图片（A）（C）和（D）由作者提供；

图片（B）由桑迪·蒂尔顿（Sandy Tilton）提供

图 3.6

（A）这只鲎在潟湖底部的最初的落脚点；这个圆形的凹陷是它背部着陆时形成的（在前体）；（B）现生鲎在沙地上留下了非常相似的凹陷与标记，与对化石的推断一致；（C）留下了长达几米足迹的小鲎；（D）整个死亡旅途的解释图示。

除了在改变方向时抬起了尾巴，小鲨在整个行进过程中都将尾巴拖在软泥上。然而，在足迹的末端，尾巴印记变得更短，更零星，这表明它在不断地停下脚步、抬起尾巴，可能是因为感受到了痛苦，迷失了方向。

结合这种行为，在足迹的某些地方，特别是接近尾端处，也就是腿部的印记更深。这很可能表明这只鲨在试图推开柔软的泥土，希望重获自由，但它几乎筋疲力尽。行进的变化表明鲨开始在无氧的剧毒陷阱中挣扎，缓慢地将近乎奄奄一息的身体拖过泥浆，最终窒息而死。

整个足迹从头到尾保存完好，足迹的主人也一起被保存了下来。这件化石记录下了一只穷途末路的远古动物，既有尸身又有痕迹，这在化石中极其罕见。这件标本留下了不可思议的史前快照：一只未成年鲨暂时克服了致命潟湖的危险性，但由于缺乏经验，最终还是一步步走向死亡。

飞蛾集体迁徙

飞蛾和蝴蝶是最美丽、最容易识别的一种昆虫。它们共同组成了鳞翅目昆虫大家族，包括 18 万个现生物种。由于每年都会发现新物种，据估算可能实际多达 50 万种。

但是这些昆虫的化石遗迹则极其罕见，仅有几百个史前物种被记录描述。最古老的化石来自三叠纪晚期，大约有 2.05 亿年的历史。它们存在的时间这么长，标本却很罕见，这似乎

图 3.7 死亡下沉

一只小鲎掉入潟湖，一路激起了水花，它正迅速沉入下方的致命水域。

说不通。但这并不能表明其物种多样性低。相反，这体现了它们的生活方式，也表明鳞翅目动物作为化石的保存潜力普遍较差。

现生物种可以形成巨大的、成千上万甚至数百万的群体。它们会季节性地迁徙，以寻找有利的天气条件、更好的食物资源和繁殖地等。一群飞蛾会造成"日蚀"，一群蝴蝶则是绚丽的"万花筒"。除南极洲外，各大洲都有迁徙物种。有些迁徙距离长得令人难以置信，长达数千英里，跨越海洋和大陆。那么，史前鳞翅目物种是否也会迁徙？据推测，它们的确会进行迁徙。不过由于化石记录实在太少，我们是否有可能找到证据仍是未知。

在丹麦，有一些岩层被称为富尔岩层。它们以富尔小岛命名，来自距今5500万年的始新世，即非鸟类恐龙灭绝后约1000万年。在这个地层中发现了各种各样保存十分完好的动植物化石。人们还意外地在其中发现了大约1700只飞蛾。2000年首次公布这一发现后，已知的飞蛾化石的数量就增加了一倍多。

在这一大群飞蛾中，有完整的个体、无翼的身体和来自至少7个不同物种的单独翅膀。其中绝大多数（超过1000只）属于一个体长只有14毫米的物种，并被确定属于现生的鳞翅目动物，即异脉（僵翅）类动物（Heteroneura）。这个物种经常在富尔地层的几个地层中集体出现。令人振奋的是，这些富含飞蛾的岩石最初堆积在远古北海的一个近海区域，证明这些飞蛾是在海上大量出现的，远离了自己的沿海栖息地。

图 3.8　黄昏时分的低语

一群飞蛾穿越古老的北海，这是它们本年度迁徙的一站。

其中一些飞蛾被一阵突如其来的风吹得措手不及，掉进了下方的深渊之中。

如今，当风平浪静、陆地上温度较高时，我们更有可能在北海上捕获更多正在迁徙的蝴蝶和飞蛾。史前飞蛾很可能是在类似的条件下开始飞行的。

飞蛾标本储量巨大，又在海洋岩层中出现了踪迹，这表明史前飞蛾会进行集体迁徙，并且经过了远古北海的上空。2017年，在伊朗扎格罗斯山脉历史较短的岩层中也有类似的发现。在深海岩层中发现的蝗虫化石表明，它们也是集体跨洋迁徙的一员，从而为这种解释提供了进一步的支持。由于在岩层的不同层面发现了大量的飞蛾，表明它们的迁徙不是个例，也不是受地区影响，而是发生在不同的时间段内。这一独特的发现表明这必然和现代的迁徙一样，是一种常见的现象。

恐龙死亡坑

如果你想给别人讲一个精彩的恐龙故事，不如试试蜥脚类恐龙吧。这群长颈长尾的庞然大物高 30 米，重达 70 吨，相当于 7 头成年非洲象的重量。它们在陆上行走和生活。蜥脚类恐龙是有史以来最大的恐龙，也是地球上最大的在陆上行走的动物。因此我们可以推断蜥脚类恐龙会留下最大的足迹化石。的确如此，蜥脚类恐龙的足迹遍布全球，从法国和瑞士边境的侏罗山脉的大量足迹，到西澳大利亚的长达一米的巨型足迹。在这么多发现中，出现一些不寻常的事情也不足为奇。

蜥脚类恐龙通常不被视为食肉恐龙，它们是吃植物的巨无霸，需要大量的树叶来维持它们（通常）巨大的身体，这也是它们主要的防御形式。蜥脚类恐龙会采取措施保护自己免受潜在攻击者的伤害，这样做可能导致许多掠食者死亡。也许有一天，化石记录会让我们看到这样一个受害者，但就目前而言，这仅存在于想象中。然而，2010 年的一项发现表明，一些蜥脚类恐龙实际上会伤害其他动物，尽管是无心之举。

大约 1.6 亿年前的侏罗纪晚期，一只体长 25 米，重达 20—30 吨的巨型蜥脚形类马门溪龙（*Mamenchisaurus*）在一片古老的沼泽地中踏过又深又软的泥土。蜥脚类恐龙将下陷的脚从泥浆中抬起，留下了一排宽度与深度皆为 12 米的大坑。这些坑很快就被沉积物和水填满，并意外成为小型动物的死亡陷阱，它们若是不小心掉进去就无法逃脱。

在中国新疆准噶尔盆地五彩湾地区，发现了三个特别的垂直骨床坑。第一个出土于 2001 年，它们是在岩层中被发现的。这些岩层展现出了一个温暖的、季节性干燥的湿地环境，经常被火山灰覆盖。分析表明，这些坑含有土壤、火山泥岩和砂岩的软性沉积物混合物，并且在当时灌满了水分充足的泥浆。

尽管没有发现马门溪龙的脚陷在泥土里，但这些坑的形状、大小和深度都一致，表明它们是由一只大型恐龙留下的。这是该地区和同一岩层中发现的体型最大的恐龙，包括像马门溪龙这样的蜥脚类恐龙。在这里保存着大小不一的坑，而且有几个已经是明显的直线足迹，可以说明这一推论的正确性。不过，在所有被检查过的坑中，迄今为止只在上述三个骨床中发现了化石。

深坑中一旦注满稀泥浆，表面上就会显得很稳定，但任何不小心踏入其中的小动物都会挣扎着逃出。之所以这么说，是因为这些坑里埋藏着许多动物的遗骸，包括至少 18 只小型兽脚类恐龙的关节和相关骨骼。

这些兽脚类恐龙骨骼属于三种类型，在当时都是科学界的新生事物。最常见的是短臂植食性角鼻龙下目的泥潭龙（*Limusaurus*，并非所有的兽脚类恐龙都是食肉动物）。其中一个坑里至少有 9 只年龄不同的泥潭龙，还有一些小型哺乳动物和爬行动物的骨骼，包括一只乌龟和两只小鳄鱼。在其中一个坑中发现的最大的恐龙是冠龙（*Guanlong*），坑中发现了两具骨架，它是君王暴龙（*Tyrannosaurus rex*）的早期有冠近亲。与后来的暴龙不同，冠龙站立时腿长只有 66 厘米，即使用脚也无法触及坚实的坑底，坑的深度至少是它们身高的两倍。

就像蛋糕中一层又一层的蛋糕坯，保存在坑中的大多数骨架是垂直堆叠在一起的，被 5—20 厘米的岩层隔开。这表明恐龙落入坑内的时间不同，而底部的恐龙显然是最早被掩埋的。有几只恐龙仅剩下了部分骨骼和单独的身体部位，这表明一些尸体在埋葬前已经暴露并腐烂了一小段时间，部分掩埋在泥土中，时间可能不超过几天到几个月。骨架中的碎骨表明，尸体开始堆积后，其他掉进坑里的动物可以踩着下面埋在泥土中的尸体逃出生天。

这些恐龙死亡坑保存下了一个在特殊条件下形成的意外情

图 3.9　巨型恐龙走过之后

几只泥潭龙正在呼救，因为它们被困在了一只巨大的马门溪龙留下的足迹之中，陷入了深深的泥坑，无法逃脱。一只小冠龙被它们的呼救声引来，被眼前唾手可得的大餐所诱惑，不过它很快就会发现自己陷入了危险之中。

况。一只蜥脚类恐龙只是在泥泞的沼泽地中随便散了个步，就导致了多只兽脚类恐龙和其他动物惨死。"巨型恐龙"留下的足迹，在灌满泥浆后却成了其他动物的死亡陷阱。

蜕皮与成长

你见过节肢动物脱掉自己陈旧的外骨骼吗？无论是蜘蛛、蜈蚣、蝗虫还是龙虾，所有节肢动物都会有这样超现实的自然行为，破开自己死气沉沉的旧皮囊，钻出来迎接新生。

这个过程称为蜕皮或蜕壳。外骨骼（外层角质层）的脱落是节肢动物变得更大、更强的关键环节。外骨骼即便是损坏或丢失了也完全可以再生。脱落的壳（或皮）被丢到一边，动物的身体从柔软的状态逐渐变硬。节肢动物在蜕皮期间和蜕皮后最容易受到伤害，这种伤害可能是致命的。它们可能被卡在旧的外骨骼中，也可能沦为其他动物的美餐。大多数节肢动物在其一生中都会持续蜕皮。不过，大多数昆虫和蛛形纲动物在成年后会停止蜕皮。

节肢动物是最古老的动物之一，化石记录极为丰富，历史可追溯到近 5.4 亿年前。人们推断早期的节肢动物一定会蜕皮，特别是在现存的 100 多万种（并且还在增加）节肢动物物种中，蜕皮无处不在。那么，该如何确定上述节肢动物化石是真正的死去的节肢动物（尸体），还是它蜕下的皮呢？

寻找真相可能十分困难。一般来说，如果化石是完整的，并无损坏的迹象，就很有可能是尸体而非蜕皮。那些有脱节迹象的化石，尤其是在头部和身体之间显示出明显的断裂线，可以表明个体从其旧的外骨骼上挣脱。面对众多可能性，我们可以寄希望于找到更多的蜕皮化石。因为节肢动物在一生中可以经历无数次蜕皮，但只会留下一具尸体。尽管如此，还是很难区分蜕下的皮与动物尸体，因为化石形成的过程常常会损坏和改变标本形状，因此会提供错误的线索。

区分二者的最佳办法是找到一个正在蜕皮的标本。这一点说起来容易做起来难。但是由于多达 80%—90% 的现生节肢动物可能都死于蜕皮，在化石记录中发现这种行为的可能性似乎很大。

这种稀有标本已经被发现。最早的明确保存下了节肢动物蜕皮过程的化石约有 5.18 亿年的历史。2019 年，这块化石在中国南部云南省被发现，它属于寒武纪早期的小石坝生物群。这种早期海洋节肢动物叫作神奇阿拉虾（*Alacaris mirabilis*），时间将它的蜕皮过程定格，部分丢弃的外骨骼仍然附着在新生的个体身上。

第一个在蜕皮过程中被发现的寒武纪动物是 5.05 亿年前的华丽马尔三叶形虫（*Marrella splendens*）。这块 2 厘米长的小化石来自不列颠哥伦比亚省著名的伯吉斯页岩（见第 2 章节肢动物及其卵），那里已经发现了超过 25000 件马尔三叶形虫标本。这只马尔三叶形虫很不走运，它的蜕皮过程只完成了一半，触角和部分头部已经伸出了旧的外骨骼，从头部与身体的交接处露出，其余部分却还卡在里面。而它宽大的侧头刺向内和向后折叠，与正常的马尔三叶形虫标本相反，这表明它们在蜕皮过程中的身体比较柔软。

如同这些已知最早的蜕皮节肢动物，德国侏罗纪的索伦霍芬石灰岩中发现了一些引人注目的化石，地点就在发现鲨化石的同一地区附近。虽然在索伦霍芬潟湖中保存的大多数动物，都像那只鲨一样死于缺氧的底层水域，但其中一些潟湖（甚至其底部）可以维持动物的生命体征，至少暂时可以。

一块石灰岩板捕捉到了一只节肢动物蜕皮的整个过程。这件化石中保存了一只长突长螯虾（*Mecochirus longimanatus*），这是一种类似龙虾的甲壳类动物。化石以一个明显的着陆痕迹开始，记录了这只甲壳类动物从垂直水层中落下并在潟湖底停留的过程。这只长突长螯虾爬行了大约30厘米，用尾扇推着自己前进。它剧烈地扭动着身子，试图脱去外骨骼，在沉积物上留下了一道道弯曲的沟壑、褶皱和划痕，其中一些是在侧卧时形成的。最后，长突长螯虾破壳而出，潇洒离去，留下了保存完好的外壳。

我们无法确定蜕皮过程持续了多长时间，因为现生节肢动物的蜕皮时间各不相同，通常需要几分钟。不过我们可以将其与现代的十足甲壳类动物（如龙虾和小虾）进行比较，它们也会通过辗转身体来挣脱掉旧的外骨骼。长突长螯虾留下的痕迹与现代大螯虾的蜕皮过程相似，特别是通过侧翻加速蜕壳。对于现代大螯虾而言，蜕壳过程可能要持续30分钟左右，之后还需要10到20分钟才能恢复精力继续前进。这为研究它这位1.5亿年前的侏罗纪亲戚的蜕壳行为提供了一个可参考的时间线。

　　早在寒武纪，节肢动物就出现了蜕皮行为，这证实了蜕皮现象在节肢动物演化的早期就出现了。在发现这些节肢动物之前，人们仅是由此推测。长突长螯虾及其痕迹化石中记录下了完整的蜕皮过程，可以说是这种古老的节肢动物生命中关键行为的惊鸿一瞥。

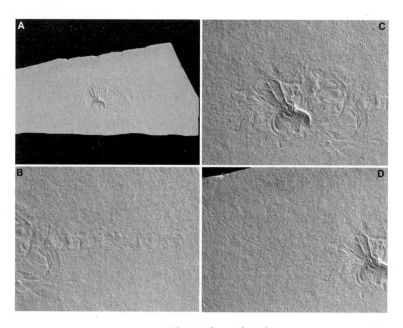

图片由贡特·施韦格特（Günter Schweigert）和
洛特·瓦隆（Lothar Vallon）提供

图 3.10
（A）长突长螯虾留下的痕迹和外壳的完整图像；
（B）痕迹的开始部分，甲壳类动物在此着陆，并行走了一小段距离；
（C）尾部和附肢等各种明确的印记指明了长突长螯虾在蜕皮过程中
的位置（留下了脱落的外壳）；
（D）行走的痕迹，表明获得新生的甲壳类动物离开了现场。
来自德国兰格纳尔泰姆的索伦霍芬石灰岩板。

图 3.11　蜕皮后离去

长突长螯虾找到了一个安静的地方，从里向外破开自己陈旧的外骨骼。
它急于迎接新生，在离开现场时留下了所有的线索和痕迹。

史前伙伴：一对奇特的室友

　　古生物学家在非洲南部发现了众多三叠世早期的化石洞穴，特别是卡鲁地区，这个巨大的半沙漠地区中已经出土了上千件化石。这些化石约有 2.5 亿年的历史，而那一时期，地球上也发生了一场最大的自然灾害。这场重大的全球大灾难，被称为"生物大灭绝"，造成大约 90% 的生命在二叠纪末期消亡。这场全球性大灭绝的起因仍存在争论，但火山大爆发和小行星撞击，无疑是导致这场有史以来最严重的灭绝性灾难的主要原因。

　　气候发生重大变化时，全球会出现类似沙漠的炙热环境。为了适应这种恶劣环境，一些陆生脊椎动物会通过打洞来躲避极端高温。这些三叠纪早期的洞穴发现于卡鲁地区，反映了动物对于气候变化的直接行为反应。洞穴是极佳的避难所，可以躲避掠食者，还可以抵御有害天气，使动物能够在自己的家中舒适地生活。目前发现了众多化石洞穴，但洞穴中往往空无一物。

　　在极其罕见的情况下，原始的哺乳动物近亲，即兽孔目动物（therapsids）带有关节的骨架会出现在这种洞穴中。几只动物并排躺在一起，蜷缩在它们挖掘的洞穴中休息。有时洞穴中还会发现抓痕。有人认为，这种洞穴与居住者的痕迹都是季节性休眠的典型特征。这是一个有趣的理论，因为它表明这些动物处于一种叫作"夏眠"的不活动状态。夏眠类似于冬眠，是某些动物为适应一年中特别炎热干燥的时期而采取的对策。这种行为符合当时的极端天气条件。

1975 年，人们在夸祖鲁纳塔尔省的奥利菲斯胡克山口发现了一个化石洞穴，洞中隐藏着一对非同寻常的动物关系。起初只暴露出头骨的一部分，人们初步确定它属于相对常见的狐狸大小的兽类，平鼻三尖叉齿兽（*Thrinaxodon liorhinus*）。标本被一分为二，在里面发现了更多的骨头。由于先前并未发现其中的不寻常之处，化石被送往了南非约翰内斯堡的金山大学，与其他化石收藏品一起安置，直至最近重新检查后才揭示了其中的秘密。

这件洞穴铸型标本的研究准备工作尚未完成，还没有在实验室清理掉化石上多余的岩石。又因为其中骨骼较多，因此研究人员决定在不造成任何损害或位移的情况下，对这件标本进行研究。这个洞穴被送往法国接受激光扫射检查，具体过程就是将其放入同步加速器扫描。那是一种威力强大的巨型机器，通过加速电子使其以近乎光速的速度移动，可以产生超乎想象的细微的 X 射线。采用这种非破坏性的处理方法不会破坏骨骼本身，同时可以探察出大量无法从标本表面观察到的信息。

使用同步加速器可以彻底改变古生物学家研究和分析化石的方式。这种技术可以让我们窥探岩层内部，确定所含化石的完整性及重要性。

研究有了惊人的发现。在这个洞穴中，与完整的三尖叉齿兽（*Thrinaxodon*）骨架并排躺着的是一个完整的、大小类似蝾螈的未成年两栖动物，名为普氏布氏顶螈（*Broomistega putterilli*）。这只两栖动物带有花纹的皮肤也保存了下来。化石中是这样一幅景象：三尖叉齿兽面朝下趴着，它的头笨拙地扭向左边，好像是被推到了洞穴的尽头。普氏布氏顶螈面朝上躺着，露出腹部，靠在三尖叉齿兽身旁。两只截然不同的动物共处一室，这令古生物学家十分困惑，它们之间的关系耐人寻味。

普氏布氏顶螈的右侧有一串断裂的肋骨，可以推测是平鼻三尖叉齿兽袭击了普氏布氏顶螈，并将其带入了自己的巢穴。然而，断裂的肋骨有愈合的迹象，这表明受伤发生于它们相遇之前的一段时间。这个伤势很可能是这只普氏布氏顶螈在死前

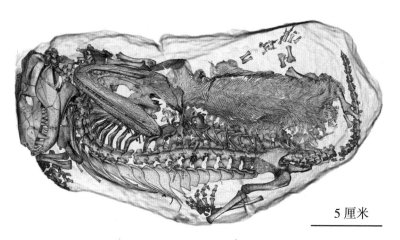

5 厘米

图片来自文森特·费尔南德斯（Fernandez, V.）等《同步加速器揭示了三叠纪早期的奇特情侣：受伤的两栖动物与夏眠的兽孔目动物共享洞穴》（《公共科学图书馆–综合》，2013年第8期）

图 3.12　睡觉时间—化石洞穴的三维渲染图
在这个洞穴中发现了一只受伤的布氏顶螈（*Broomistega*）
依偎在一只正在夏眠的三尖叉齿兽身旁。

几周，所遭遇的一次严重事故，也许是被踩到了。这样的伤害会影响动物的行走能力，引起剧烈疼痛，呼吸时尤甚。这只受伤的两栖动物在太阳的炙烤下挣扎着行走，简直就是静候光顾的大餐。

根据其骨骼的解剖学特征，我们得知普氏布氏顶螈半水生的生活方式，但其四肢的结构表明它无法挖洞。相反，平鼻三尖叉齿兽的四肢很适合挖洞，再加上这个洞穴内还发现了其他三尖叉齿兽，种种迹象表明它们才是洞穴的主人。由于并未发现混战的迹象，这只平鼻三尖叉齿兽要么是在睡觉（夏眠），要么就是欣然接纳了这个入侵者作为同伴。它们之间的关系属于共栖关系（正如第2章所述），即不同的物种相互影响，这种关系使其中一方获益（在这个案例中，受益的是普氏布氏顶螈），而对另一方无益无害。

从另一个角度看，或许平鼻三尖叉齿兽已经死在了自己的地洞里，普氏布氏顶螈只是搬了进去，后来也死了。但是，它们特殊的保存状态和直接关系表明它们是一起死掉的。因此可以推测，普氏布氏顶螈是受生存本能驱动，为了寻求保护爬入了这个洞穴，它也可能在那里进入了深度睡眠。在现生的两栖动物中也观察到了类似行为，尤其是未成年个体，它们有时会进入其他动物的洞穴寻求庇护。

最有可能的一种情况是，这只受伤的两栖动物进入洞穴时，这只平鼻三尖叉齿兽正处于休眠期。无论形成这种关系的确切原因是什么，这对动物都遭受了同样的厄运。因为一场山洪带

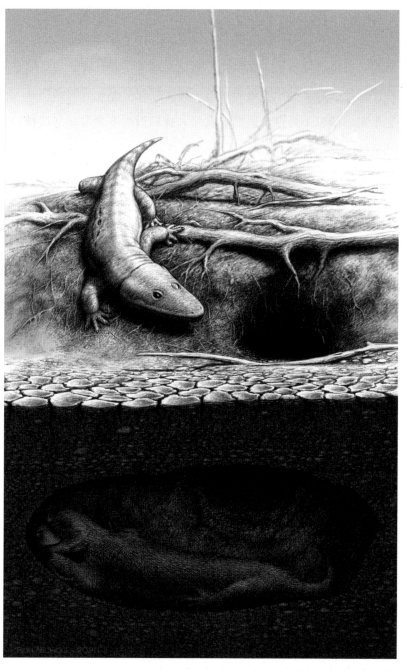

图 3.13 生存第一位

一只受伤的普氏布氏顶螈为了躲避炎热的太阳，找到了一个地洞，
那里有一只平鼻三尖叉齿兽正在安逸地休息。

来的泥沙迅速地填满了洞穴，使它们永远地沉睡在了一起。这件化石让我们看到了不可思议的一幕，即完全不相关的动物共享巢穴。如果不是这个偶然的发现，我们根本不会考虑到这种可能性。

魔鬼的开瓶器

有些化石可能十分奇特，闻所未闻，让古生物学家用数十年试图弄清它们是什么。19世纪末，内布拉斯加州苏县的牛仔和牧场主们，在地面和悬崖上发现了一些拔地而起的螺旋状砂岩结构。它们高约2米，非常奇怪，有的比普通人还要高，没有人知道该如何解释这些令人困惑的结构。当地人称之为"魔鬼的开瓶器"。

这些螺旋状砂岩被陆续发现，在1891年终于引起了科学家的注意。内布拉斯加大学的教授兼地质学家欧文·巴伯（Erwin Barbour）是研究并试图解释这些结构的第一人。他辨别出这些是化石，并称其为"魔鬼的开瓶器"（*Daemonelix* 或 *Daimonelix*，这是它们的拉丁文昵称）。巴伯显然很有幽默感。他认为这些可能是一种淡水海绵或植物的根部化石，这个推断引起了轩然大波。

其他科学家并不认可他的看法。他们认为这些大型结构是化石洞穴，因为其中一些化石内部存在啮齿类动物的残骸，所以推断这是啮齿类动物的洞穴创造。巴伯否认了这一说法，但

142

更多更完整的发现都证明了这一说法是正确的。包括在该洞穴中首次发现了已灭绝的陆生海狸，即古海狸（*Palaeocastor*）的遗骸。它们是最早被确认并进行研究描述的哺乳动物化石洞穴。

这个洞穴及其居住者（古海狸）之间的关系是第一个令人信服的证据，可以证明史前海狸正是这种莫名其妙的痕迹化石的创造者，它们的体型还没有现代的土拨鼠（美洲旱獭）大。之后，又有许多海狸被发现埋在它们自己的螺旋状洞穴中。然而这里还有一个未解之谜，它们究竟是如何创造出了这些不寻常的结构？

距离首次发现该化石点过去近百年后，1977 年，人们对500 多个洞穴进行了广泛的研究，从中找到了答案。这些洞穴的墙壁上排列着许多凹槽，与海狸巨大的不断增长的门牙的大小与形状完全匹配。它们用强大的门牙挖掘出了形状完美的洞穴，小心翼翼地钻入地下，留下了这些螺旋状的楼梯。螺旋状结构是洞穴的长开口，也是海狸回家唯一的出入口。在螺旋的底部，海狸在远离螺旋的地方建造了一个笔直的起居室，向上倾斜（达 30 度）；这些起居室的长度可达 4.5 米。

为什么会是这种奇怪的形状呢？有可能是因为这些扭曲的洞穴，可以起到额外的保护作用，防止体型更大的掠食者入侵。如果洞口简单、直进直出，这些掠食者也许就能进入洞穴内。也有人认为这种形状可能是为了应对当时炎热、干燥的气候。螺旋状的设计也许是一个巧妙的空调系统，有助于控制洞穴深处的温度。这些功能加在一起，可能为筑巢和养育幼崽创造了理想的环境。近期在澳大利亚西北部，发现了一个由现生百眼巨蜥（*Varanus panoptes*）制造的巨大螺旋状洞穴。百眼巨蜥专门使用这种螺旋形洞穴筑巢。这为古海狸的行为提供了支持证据。

这些洞穴大多具有 2000—2300 万年的历史，来自中新世时期的哈里森组。截至目前，在内布拉斯加州西部和邻近的怀俄明州东部的荒地中已发现了数千件标本。包含骨骼遗骸的标本可能是正在睡觉的海狸，洞穴里灌满了沙子和淤泥，将这些海狸层层包裹，而这些泥沙或许是暴雨造成的洪水带来的。至今仍有新的标本被发现，一些标本被保护在玛瑙化石床国家纪念碑，那里的山坡上还保留着几个螺旋状结构。

除了明显的螺旋状结构之外，它们与现代草原犬鼠挖的洞穴也有相似之处。草原犬鼠是兔子大小的啮齿类动物，原产于北美大平原，分布地也包括内布拉斯加州。这些挖洞专家是松鼠家族的一员，通常成百上千地集体出没，生活在一个复杂的地下隧道迷宫中，这种生活方式被称为城镇式居住模式。在这些起保护性作用的房屋内，有许多不同用处的房间。如储存食物的仓库、养育幼崽的托儿所，甚至还有专门的厕所。相比之下，在同一地方发现的许多古海狸洞穴的间距和数量，表明这些史前海狸形成了某种形式的种群生活。洞穴中发现的成年海狸与未成年海狸的遗骸，表明它们会在螺旋状房屋的房间内养育幼崽。

图片（A）和图片（B）来自维基共享资源；
图片（C）由内布拉斯加大学州立博物馆提供

图 3.14

（A）惊人壮举——海狸的大工程：深邃的螺旋状洞穴住宅（*Daemonelix*），其
建造者（古海狸）埋在其中；（B）专注的建造者的细节；（C）19 世纪末在内
布拉斯加州玛瑙化石床国家纪念碑发现的"魔鬼的开瓶器"。

图 3.15 "开瓶器"家族

一只雌性古海狸在洞穴深处照顾孩子,而雄性古海狸则守在洞穴的入口处。

生活在洞穴中的恐龙

我们很难想象恐龙会挖洞，例如，一只梁龙（*Diplodocus*）或暴龙（*Tyrannosaurus*）会钻进地里。对于恐龙而言，挖洞这种行为似乎很奇怪，但恐龙在体型、外形和栖息地等方面存在巨大差异，或许有些恐龙真的会挖洞。自 20 世纪 90 年代以来，古生物学家就怀疑一些恐龙很可能会挖洞并在洞穴中生活，但这些猜想一直缺乏直接证据。

2007 年，一项十分奇特的发现公之于众。在蒙大拿州西南部利马峰附近的 9500 万年前的白垩纪岩层中，人们发现了一个巨大的洞穴，里面埋藏着三个杂乱无章的遗骸，这是一种全新的小体型双足植食恐龙。这种动物被命名为洞穴掘奔龙（*Oryctodromeus cubicularis*），意思是"挖掘洞穴的奔跑者"。解剖学特征表明它们可能会使用短而有力的前臂挖掘洞穴，并用鼻子清除多余的泥土。这是一件由相关的痕迹（洞穴）和实体（骨架）化石组成的标本，首次为恐龙的挖洞行为提供了可信的证据。

这个砂岩洞穴包含一个倾斜的 S 形隧道，末端是一个扩大的起居室，内有骨骼。类似的洞穴系统在各种现代动物中均有发现，如北美地鼠龟、非洲土狼和众多啮齿类动物。有趣的是，这个洞穴的隧道宽度为 30—32 厘米，高度为 30—38 厘米，总长度刚刚超过 2 米。洞穴室内的一部分被侵蚀掉了，否则应该更长。这个洞穴对于体型最大的成年掘奔龙（体长约 2.1 米）而言刚刚合适。掘奔龙极长的尾巴就占了身体大约三分之二的长度，室内有足够的空间让它转身。在现生物种中，这种紧凑的洞穴往往能抵御掠食者。土狼等动物挖的洞穴的隧道比动物本身还要短，因此它们进入洞中便会紧紧贴在墙壁上。

另外两具掘奔龙的骨架只有成体的一半大小，显然是同一物种的幼体。尽管洞穴内有更小的动物（如昆虫和可能的小型哺乳动物）留下的痕迹，表明它们可能共享这个洞穴，但似乎成年掘奔龙挖洞时，确保了洞穴的大小只够容纳自己和幼龙。考虑到幼龙的体型，这种关系表明掘奔龙会在巢穴内长期照顾其后代。亲代抚育至少是挖掘洞穴的一个原因，目的是确保后代的生存。同样地，有几种现生鸟类恐龙（鸟类）也会在地下打洞并照顾自己的孩子，如发现于美洲的钻地猫头鹰和大西洋海雀。

根据发现洞穴的岩层地质推断，这里是一个史前的洪泛区。由于骨架乱七八糟，有些人认为这些动物并非生活在这个洞穴中的一家子，可能是被河流或洪水冲进了洞穴，或者是被掠食者拖了进来。但是深埋在这个狭窄洞穴中的尸体完整又存在相互关系，骨骼上也没有咬痕或损伤，因此这种推测可以排除。事实上是掘奔龙挖开了泥土和黏土，这个洞穴后来在一场洪水中被沙子填满。大量混杂的骨头表明，这些个体在被埋葬之前就已经死亡（原因不明）并在洞穴中腐烂。

之后，爱达荷州东部出土了许多掘奔龙的骨架化石，掘奔

图 3.16　地堡家族
一只成年的洞穴掘奔龙与两只幼龙在它挖掘的洞穴内休息，
地面上有一群掘奔龙。

龙已经成为当地最为常见的恐龙。在利马峰地区也有掘奔龙的发现。新的标本中有几个被发现存在关系，包括不同体型和年龄的个体，这为该物种的社会性行为提供了证据。值得注意的是，至少有爱达荷州和蒙大拿州这两个洞穴，在形状和大小上与原始洞穴系统非常吻合，也被发现含有掘奔龙的骨骼。

掘奔龙是最早发现的挖洞恐龙。这不仅证明，一些恐龙可以在地下挖洞以保护居住者不受掠食者与极端天气的影响，也证明它们会在洞穴内长时间照顾自己的孩子。这种化石洞穴与实体化石的关系，是化石记录中最精妙的恐龙行为证据。

巨型地懒

树懒是一群十分有趣的树栖植食动物。它们的动作非常缓慢，喜欢悠闲地挂在树上打盹，目前仅分布于中美洲和南美洲的热带雨林中。这些小型哺乳动物体重一般在 5 公斤以下，有六个现生种，分为两个科：两趾树懒（两趾树懒科的 *Choloepus*，仅包含两个种）和三趾树懒（三趾树懒科的 *Bradypus*，仅包含四个种）。它们的区别实际上不在于脚趾，而是在于手指。作为地球上行动最慢的哺乳动物，这些小树懒是攀爬高手，但行走能力极差。这与它们一些已灭绝的史前近亲完全相反，后者体型巨大，生活在地面上，还会挖掘洞穴。

人们从美洲各地的发现中，已经确认了地懒的众多种和几个已灭绝的科。其中最早的一些出自查尔斯·达尔文著名的贝格尔号航行日记。地懒的最后一个物种灭绝时间较晚，距今不过几千年。有证据表明，它们灭绝的原因可能是人类导致的。与现生树懒相比，一些已灭绝的物种，如南美大懒兽（*Megatherium*）的体型和大象一样大，外形似熊，毛发蓬松，体重达 4 至 6 吨，身高高达 6 米。

关于被科学界关注的第一批地懒标本，也是北美出土的第一个地懒标本有一段奇特的历史故事。美国第三任总统托马斯·杰斐逊（Thomas Jefferson）对西弗吉尼亚州一个山洞里发现的残缺的骨架进行了研究。起初，杰斐逊认为这具遗骸可能属于一头巨大的现代狮子。1797 年，他与美国哲学学会的成员分享了自己的发现。1825 年，该物种以杰斐逊的名字被命名为杰氏巨爪地懒（*Megalonyx jeffersonii*）。

第一次看到这些巨爪地懒时，有些人认为它们会和现生树懒一样倒挂在树上睡觉。这就和认为一头大象会倒挂在树上一样荒唐，达尔文也对这种解释嗤之以鼻。这些动物中有许多拥有巨大的、强有力的前肢和手掌，爪子强壮、易于弯曲，显然更适合进行挖掘，而不是用来钩住树干。

20 世纪 20 年代和 30 年代，在南美洲发现了巨大的、完整成形的化石洞穴。这些化石来自同一地区，与几只地懒的年龄相同，这为巨型地懒会挖掘洞穴的观点提供了支持。二者之间的关联似乎十分紧密，但它们并不是唯一一类可能会挖掘这种洞穴的巨型动物。其他动物，如汽车大小的巨型犰狳也具备这种能力。

目前，已经发现了超过 1000 个这样笔直或略微弯曲的巨型洞穴，历史从大约一万年到几百万年不等。它们主要分布于巴西，特别是南里奥格兰德州及阿根廷，尤其是布宜诺斯艾利斯的周边地区。许多被保存下来的洞穴有开放的圆柱状隧道，可以容纳一人行走，大多数洞穴都部分或完全被沉积物填满。洞穴大小不一，最大的洞穴高 2 米，宽 4 米，长竟然达到 100 米。这些是迄今为止发现的最大的洞穴。一些隧道甚至与其他隧道相连，形成了复杂的地下交通网。

只有地懒的洞穴尺寸可以与这些巨大的洞穴相提并论，这证明了（至少）较大的洞穴是由这些巨兽创造的。一些洞穴的墙壁和屋顶上有它们留下的爪痕。这些凹槽与伏地懒（*Scelidotherium*）和舌懒兽（*Glossotherium*）等物种的爪子（第二和第三指较大）非常吻合。这两种中大体型（11.5 吨，后者长达 3 米）的地懒遗骸在同一地区被发现。其他较大较重的地懒，如掠齿懒兽（*Lestodon*），可能建造了最大的洞穴。大多数较小的洞穴可能是由巨型犰狳建造的。

一些洞穴上有特殊的光滑处，说明地懒会经常用自己的皮毛摩擦同一个地方，也许是偶尔蹭墙抓痒。现代大型哺乳动物，比如大象往往会表现出这种行为，它们会摩擦树木或岩石来抓痒或蹭掉寄生虫。

许多洞穴内空间巨大，又很长，有人认为它们可能是由多个地懒挖掘出来的，也许是几代地懒努力的成果。很少发现这样的与地懒实体化石有关的洞穴，但不止一个来自阿根廷的洞穴含有伏地懒的幼体和成体标本。

在南美洲和北美洲的天然洞穴中，也发现了大量地懒化石遗骸。令人难以置信的是，这里除了骨架，还有保留了黄褐色

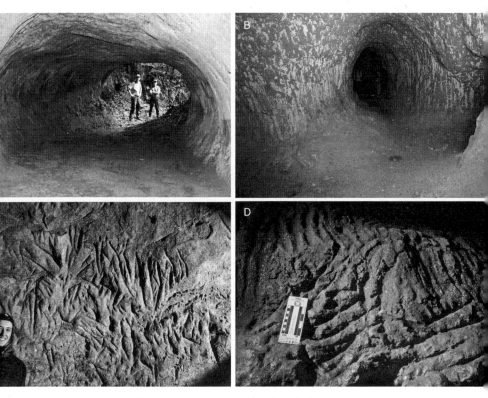

图片（A）（C）和（D）由海因里希·弗兰克（Heinrich Frank）提供；
图片（B）由巴西地质调查局阿米尔卡·阿达米（Amilcar Adamy）提供

图 3.17

图片（A）和图片（B）是在巴西南部发现的巨大地下隧道，这是巨型地懒的杰作：
（A）图中隧道位于圣卡塔琳娜州的南廷贝市；（B）图中隧道位于朗多尼亚州；
（C）图中一条隧道的墙壁上有各种抓痕，与地懒的爪子相匹配；来自与（A）
图中相同的隧道；（D）图中是圣卡塔琳娜州乌鲁比西的一条隧道的部分抓痕特
写，与人类体型的对比。

或红褐色毛皮的"木乃伊化"地懒皮肤。有的皮肤上甚至嵌有小骨片，这可能是一种类似盔甲的保护措施，可以抵御掠食者。人们还发现了它们十分新鲜的粪便化石，无论看起来还是闻起来都是如此，以至于发现者在进行第一次检查时误以为这是一块现生动物的粪便。对这件粪化石的分析揭示了几个物种的饮食习惯。

你也许会好奇这些巨型地懒的行动是否也极其缓慢。如果是那样，那么它们就要花费很长时间来挖掘和建造如此宏大的洞穴系统。那太荒唐了。在现生树懒中，超级缓慢的速度是一种保护措施。它们的主要掠食者，如美洲虎和角鹰，主要依靠视觉和运动来探测猎物。树懒移动得如此之慢，就是为了不被掠食者发现。它们常常可以偷偷溜走，在环境中伪装起来。而对于地懒来说，并不存在掩体可以伪装。在许多情况下，它们巨大的体型和大爪子就是自己的防御武器。地懒的挖掘能力，甚至保存下来的足迹都表明它们的行动速度比它们的现生亲戚要快。这表明这些远古的地懒并不是行动迟缓、毫无抵抗之力的大块头。

为什么这些地懒要费尽心思挖掘如此巨大的洞穴？一个可能性是为了避开掠食者。虽然有些物种体型庞大并且能够保护自己，但有证据表明，人类可以猎杀它们，未成年地懒也容易成为剑齿虎等迅捷掠食者的目标。因此，这些洞穴对地懒来说是一个安全屋，可能决定了它们以家庭或种群形式聚居的生活方式。天气愈发寒冷或干燥时，地懒似乎也会利用这些洞穴躲避不利的天气条件。

不可思议的是，尽管这些强大的搬运工已不幸灭绝，但它们留下的遗产仍然存在，例如，牛油果树。牛油果树出现的同时，地懒也出现了。地懒体型巨大，它们能够将水果整个吞下，排泄出种子，从而帮助牛油果树播种到很远的地方。在地懒和其他吃牛油果的大型哺乳动物灭绝时，它们已经在不知不觉中帮这种水果铺好了未来的生存之路。下次吃牛油果时，不妨感谢一下这些巨大的毛茸茸的哺乳动物吧。

图 3.18 天生的挖掘工

　　在一棵牛油果树下，两只年轻的掠齿懒兽正在从附近的洞穴中挖出的泥土中玩耍；
一只正在练习挖掘。掠齿懒兽父母从洞口中挤出来，左边的那只正在抓挠自己的背部。
　　　　　　　　　　　　在背景中，另一只成年掠齿懒兽正在挖掘一个新的洞穴。

第4章　战斗、撕咬与进食

一条大白鲨在水中疾驰而过，仿佛锁定了目标正在追踪。狩猎开始了，不过有些不对劲，这里看不到海豹、鱼类或其他任何猎物的踪迹。原来，这个顶级掠食者不是猎人，是猎物。一小群虎鲸在用鳍不停地巡游。这些虎鲸通力合作追赶着它们的猎物，围困大白鲨并将它置于死地。它们没有把大白鲨撕成碎片，而是另有所图。它们想要的只是鲨鱼那一大块富含热量的肝脏。虎鲸把大白鲨的肝脏取出吃掉，然后继续前进。

毫无疑问，大白鲨和虎鲸都是世界上现存最大的顶级掠食者。每当它们相遇，赢家似乎毫无例外都是虎鲸。强大的大白鲨居然也有天敌，这个想法似乎很不可思议。要知道在大多数人的印象中，大白鲨可是稳坐食物链顶端的掠食者。但人们已经拍到了虎鲸捕杀大白鲨的行为，研究表明，当虎鲸出现在附近时，大白鲨会改变自己的掠食习惯，逃离它们偏爱的捕猎区。

任何一部野生动物纪录片，无论主角是体型迷你的昆虫还是身材巨大的哺乳动物，通常总是围绕着激烈的战斗、悬念重重的狩猎或其他经典的掠食者与被掠食者的交锋场景展开。这是因为对于动物而言，交配、筑巢或照顾幼崽这样的行为远不如用牙撕咬、用爪劈扯、用角顶刺那样有看点。看着一群掠食者肢解猎物，一只动物在血腥的战斗后战胜对手，或者了解某种动物如何演化出巧妙独特的本领来捕捉和吞食猎物，这些都会吸引我们的注意力，让我们浮想联翩。当然，真实的动物世界要复杂得多。大自然并不总是像英国诗人丁尼生所说的那般"红牙利爪"[①]。

　　所有的动物都会死去，许多动物会在掠食者的追捕下丧命，这是无法改变的事实。就在你读到这句话的瞬间，全世界会有无数的掠食者犯下杀戮。倘若你可能遇袭或是面临被吃掉的危险，那么，有两个选择：坚守阵地准备战斗，或是准备拼命逃跑。这种"战斗或逃跑"的应激反应由动物的本能驱动，即在（可能）即将到来的伤害或死亡的威胁中求生。如果动物能逃出生天，比如说吓跑攻击者，甚至成功反杀（想象一下，斑马幸运地踢中了发起袭击的狮子的头骨），或是成功逃跑躲避敌人，那么它就能看到第二天的太阳了。当然，在这种情况下，运气可能（而且的确）发挥了巨大的作用。但只要略有优势，就能在弱肉强食、适者生存的环境中活下来。那些足够强壮、敏捷、聪明、可以克服不利条件的动物更有可能继续寻找配偶，进行交配，将其基因传给下一代。

　　战斗和撕咬并不总是为了进食。除了掠食之外，动物互搏

[①]　出自阿尔弗雷德·丁尼生（Alfred Tennyson）的诗歌集《悼念集》（*In Memoriam*，1850）。——译注

的原因有很多，例如，争夺统治地位，练习本领，争夺配偶、领地、庇护所或者食物等。这些资源的争夺在同一物种之间很常见，并且可能争到不死不休。

以体型庞大的非洲河马为例，它们是现存最大的一种陆地哺乳动物之一。如果看到一只河马正在打哈欠，你就要提高警惕了。这不是它们要打盹的信号，而是在警告你走得太近了。人们常常以为在严格意义上河马属于植食动物，实际上这是错误的。已经有人观察到它们会吃其他动物，甚至同类相食。在水中，公牛之间可能会为了争夺领地或配偶而展开野蛮的战斗。它们将血盆大口撞在一起，用力推挤，用巨大的犬齿和门齿造成血腥的伤口。战斗可能持续数小时，可能会产生致命的后果。

撕咬行为并不总是出现在战斗中。动物可能会出于各种原因使用自己的牙齿或相应的部位，其中最奇特的使用情景莫过于亲热。也许你见过雄性家猫在交配时，咬住雌性家猫的脖子。它这样做是为了固定住自己的伴侣，并平衡自己的身体。狮子和老虎等大型猫科动物也有这种行为。在一些物种中，交配、撕咬和进食行为通常会同时发生。例如，雌性圆网蜘蛛在交配后会吃掉雄性，不过，雄性可以通过自断生殖器逃生。这真是一种致命的吸引力。

说到致命吸引力，在古生物学中可能没有什么会比一只满口象牙的巨型兽脚类恐龙撕扯猎物的形象更有代表性了。对于许多人来说，"战斗和进食"这个切入点切实激发了他们对远古动物的兴趣。古生物学家遇到下面这些问题也要挠头："那只恐龙是如何狩猎的？""这些长爪子是用来做什么的？""是谁吃了谁？"。

　　为了回答此类问题，古生物学家会进行许多科学实践得出假设。这些实践在很大程度上需要将远古物种与现生类似物种进行比较。通过观察哪些动物会打架、哪种动物是掠食者、哪种动物是被掠食者，以及这些相互关系在今天的动物界中如何呈现，可以探究众多奥秘，包括统治等级、掠食者—被掠食者关系和食物链，以及动物在群落和生态系统中扮演的其他角色。当然，想要了解史前时代的动物行为可能要复杂得多，我们似乎只能做一些假设。

　　以君王暴龙为例，它们的体型巨大，咬合力之强足以咬断骨骼，是当时最大的食肉动物。这些证据都表明这类掠食者处于食物链顶端，可以与如今的顶级掠食者相媲美。通过观察食物链在现生物种中的运作方式，可以推断出史前蝴蝶很可能被同时代的青蛙吃掉，那些青蛙又会被远古鸟类吃掉。

　　我们有一定概率发现胃里完整保存着最后一餐的动物化石。如果动物在吃完最后一餐后不久便死亡了，那么它身上的硬组织，如植物、骨头或牙齿等都将保存下来（前提是胃酸没有把它们腐蚀掉）。因此，未消化的食物会与食用它们的动物经历相同的石化过程，也可能会被保存下来。

　　尽管看起来像是天方夜谭，但化石记录中的确记录了大量关于战斗、撕咬与进食的互动行为。如同侦探试图在犯罪现场揪出凶手，古生物学家也在努力收集所有可用的线索并得出合理的结论。如果我们有直接证据证明动物存在战斗、撕咬或同类相食的行为，便能得出这些结论。本章所讲述的并非充满血腥和传奇色彩的主观想象出来的史前动物世界。相反，本章的内容全部基于真实证据，讲述的是精彩绝伦的化石记录中捕捉到的精彩时刻，不容错过。

猛犸象的战争

两头雄性非洲象在广袤的大草原上对决，这场面绝对令人大开眼界。非洲象体重超过 5 吨，是世界上最大的陆地动物，也是动物界中最宏大的战争史诗中的斗士。这种主权争夺战往往出现在雄性一年一度的"发情期"中。这时非洲象的交配欲望正处于亢奋状态，跟发情期的鹿没什么区别。它们体内的睾丸素会暂时暴涨，达到正常水平的 60 倍，变得极具攻击性。会为争夺统治权、领地和与雌性交配的权利而向其他雄性发起挑战。

非洲象以头相撞，象牙交错进攻，用尽全力攻击对手，最终只有最强壮的大象才能获胜。经常有大象死于这些争斗。现有所有种类的大象，都存在类似的统治权，这可能表明它们的史前祖先也做过同样或类似的事情。

在 1962 年的夏天，两位工人在内布拉斯加州克劳福德县附近的草丛中行走，为了建造大坝而进行勘察。他们没有料到，这次例行的勘察会引出关于猛犸象的重大发现。他们在勘察现场偶然发现了一块从沟壑边露出的大股骨，并随后转交给了相关专家。

两位工人发现的是哥伦比亚猛犸象（*Mammuthus columbi*）的部分腿骨。哥伦比亚猛犸象是猛犸象中体型最大的一个物种，肩部高达 4 米。这是一项令人兴奋的发现，挖掘任务刻不容缓。刚刚在内布拉斯加大学林肯分校获得研究生学位的古生物学家迈克·沃尔希斯（Mike Voorhies）接受了这项调查任务，寻找完整的骨架。沃尔希斯在校园里四处询问有没有人想一起挖掘一只猛犸象。之后，他组建起了一支年轻的团队，队员包括大学生和高中生。

他的团队每天凌晨 3 点开始工作，一直挖到太阳晒得无法忍受时才休息，仅用了一个多月就完成了挖掘工作。在最初的几天里，随着挖出的骨骼越来越多，可以判断这具骨架保存完整。挖掘团队开始对最重要的头骨周围的沉积物进行开凿。起初，他们非常失望，因为其中一根象牙朝向的方向不对劲。挖掘团队开始推测猛犸象是否会以某种方式面朝地倒下，并因此折断了自己的象牙。大家不免有些沮丧，毕竟他们曾经期盼这是一副保存完好的骨架。之后继续清理头骨时，他们才恍然大悟。那根朝向相反的象牙根本不是这个头骨上的，而是来自另一头猛犸象。

在同一地点发现存在相互关系的猛犸象遗骸的情况如今并不少见。事实上，人们在全球各地的几个猛犸象遗址都发现了多只猛犸象，它们通常保存在大型骨床中。但在这个遗址中有些特别的发现：两具猛犸象的骨架保存在一起，它们的象牙相互纠缠。难道是研究小组发现了两头正在进行生死搏斗的猛犸象？

鉴于这些骨架的大小大致相同，可以通过牙齿推断年龄（就像在现生大象中一样）。研究人员对它们的牙齿（包括象牙）进行了评估，确定它们是 40 岁左右的成年大象。虽然年轻的雄象经常会打架嬉闹，但它们通常在 20 多岁时就会进入发情期狂暴。因此，这两头公象在争斗时是否有可能处于发情状态？在西伯利亚发现的猛犸象化石显示，它们有专门的颞腺，与现生大象头部两侧的腺体相同。当雄象完全处于发情期狂暴状态时，该腺体就会分泌一种化学物质。因此，这两只雄象似乎很有可能陷入了一场由发情期狂暴引起的战斗，它们也许是为了争夺母象的好感而战。

战斗时，现存的大象使用笔直的象牙刺伤对手，造成更深的伤口（象牙使用起来有点像长矛）。但那些象牙弯曲的大象则用象牙进行推搡和格挡，依靠撞击头部来对对手造成伤害。这些猛犸象的象牙又长又弯，不适用于顶刺，它们的象牙主要用于格挡，在战斗中作为必要的杠杆来进行转向与推挤。

这对被保存下来的大象有直接身体接触，它们的象牙互相交错。其中一只有完整的右牙，左牙断裂，另一只有完整的左牙，右牙断裂。残缺的象牙有钝的、圆的边缘，这表明它们在打斗前很久就已经断裂了。这种异常的象牙损伤，意味着两只猛犸象能够彼此接近。他们的象牙不会立即发生碰撞，这就是他们"难解难分"的原因。但其中一根象牙的尖端戳进了对手的眼窝,这个场景相当可怕。

两只猛犸象象牙纠缠被困在一起,终因互相拉扯而筋疲力尽。最后一次象牙扭转松动后,其中一只猛犸象滑倒了,并将另一只拖到了地上,最终双双倒地而亡。它们狼狈地倒下,象牙交错,被对方沉重的身体压住而动弹不得(据估计,这两只猛犸象的体重都在 10 吨以上)。可以做出一个合理的假设,其中一只猛犸象可能是在战斗中被杀死,却死死卡住了另一只猛犸象。

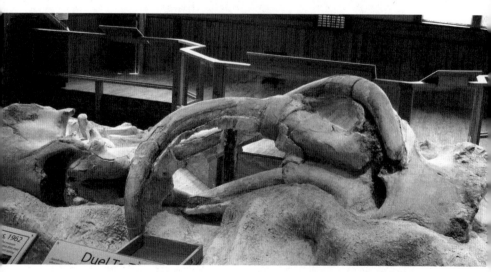

图片由内布拉斯加大学州立博物馆提供

图 4.1　战斗中的猛犸象(哥伦比亚猛犸象),
仍然保持着它们死亡时纠缠在一起的姿态
每只猛犸象都有一根完整的象牙和一根断裂的、短得多的象牙;
在右边的猛犸象身上可以清楚地看到较短的左象牙。
请注意,左边的猛犸象完整的象牙尖端戳进了另一头猛犸象的右眼眼窝中。

图 4.2 战斗至死

两头哥伦比亚猛犸象缠斗在一起，它们被彼此卡住，无法分开。
一只郊狼近距离目睹了这场激烈的冲突。

现在，我们很难看到大象被它们的象牙缠住，象牙在搏斗中偶尔才会折断。同样，麋鹿和其他鹿类在发情期打架时，有时也会被鹿角卡住。在极少数情况下，失败者战败屈服却仍不得脱身，胜利者会摇晃着挣脱已然死去的对手，并在此过程中扯下它的头，无意中把摘下的头颅当作战利品来佩戴。如果其中一只猛犸象真的死了，也许是胜利者太累，而失败者又太重，因此二者无法分开。它们这样彼此拖累会引来掠食者，不过这两只猛犸象的骨骼上并没有被啃食过的痕迹。

在这些猛犸象骨骼完全暴露出来后，它们的骨骼被仔细地用石膏包裹起来，运往山路博物馆。后来人们才发现另一个不寻常之处：在其中一只猛犸象的前腿下方发现了一件头骨被压碎的郊狼化石。它在那里做什么？这只郊狼是否陷入了危急的险境，被夹在两头正在酣战的猛犸象之间，抑或只是在这场大战中受困，因为猛犸象正巧压在了它身上？或者说，郊狼是个食腐动物，正打算去可能已经死亡的猛犸象身上觅食，未承想这只还未彻底断气的猛犸象突然压在了自己身上？不管是什么情况，郊狼很可能目睹了这场巨象间的战争，并参与其中。

这对猛犸象显然是在进行一场激烈的决斗，却莫名其妙地同时受困，又被迅速掩埋（也许经过了许多年）。因此它的骨骼才完好无损，在十分偶然的情况下被发现了。时至今日，这件化石仍是有史以来最具戏剧性的化石之一。史前巨兽困于最后的生死之战，保持着它们在大约 12000 年前那般的对峙姿态。

战斗中的恐龙

古生物学家常常会被问到许多问题，其中最常见的一个问题就是：假如两只恐龙打起来，谁会是赢家？正如在电脑游戏中选择最喜欢的角色一样，你必然会对每只恐龙进行排名：谁拥有最有力的武器、最大的牙齿、最大的爪子、最长的尾巴等等。这个问题很难回答，通常情况下，你身边的古生物学家不禁要指出，这两种恐龙可能相隔数千万年，从没碰过面，对于它们武力值的比较大多是假设和猜测。尽管如此，很多人还是对这个问题津津乐道。因为在现生动物中再也没有什么能像恐龙一样巨大凶猛了。

想想君王暴龙，它有香蕉大小的牙齿。还有三角龙，它有一米长的角。不难想象，这一定是动物王国中最为精彩的战斗。不过，这场庞然大物之间的较量并非空穴来风。大约 6600 万年前，这两个物种的确同时存在。但是，尽管发现了一些三角龙的遗骸，咬痕与君王暴龙的牙齿相吻合，也没有证据能表明君王暴龙和三角龙打过架。（虽然在蒙大拿州发现的一件化石可能证明了这一点，但研究人员尚未正式展开研究。）

当然，恐龙决斗在那个时期本来就司空见惯，就像现生动物会发生争斗一样。但是，人们持有的一个物种以另外一个物种为食的固有观念，很大程度上缺乏足够的证据。不过，有时也会找到一些不可思议的化石。在 1971 年的一次考察中，古生物学家就在蒙古南部戈壁沙漠的深处发现了这种化石。一支由波兰和蒙古的古生物学家联合组成的团队采集到了一些化石，其中就包括有史以来最伟大、最著名的恐龙发现，一对战斗中的恐龙。

所有动物成为化石的可能性都极小。两只基本保存完整的战斗至死的恐龙简直是古生物学历史上最精美、最惊人的一项发现，也可能是最著名的捕捉到动物行为的化石。这对不共戴天的冤家中，有一只安氏原角龙（*Protoceratops andrewsi*），它是三角龙的表亲，是一种野猪大小的植食性恐龙。与三角龙不同，安氏原角龙除了体型较小之外，还有一个相对较小的头冠，没有三角龙标志性的大额角。另一只则是食肉的蒙古伶盗龙（*Velociraptor mongoliensis*）。伶盗龙我们都很熟悉，不过还是要稍作解释，它们与电影《侏罗纪公园》中的形象不同。真实的伶盗龙身高和火鸡差不多，体重可能比体型更大的原角龙轻了三四倍。

这两只恐龙都保持着战斗姿态，面对面，和7500万年前的情景一样。因此有大量的证据能够表明，它们是在一场战斗中成为化石。

按照位置来看，原角龙蹲俯着，身体和头部朝向右侧，伶盗龙身体朝右侧躺着，头部向前。伶盗龙的左前肢长着三个弯曲的爪子，横放在原角龙的脸上，也许是在抓挠它，但它的右前臂（肘部以下）被原角龙强有力的喙夹住了。如果加上缺失的骨骼、肉和肌肉，那么可以进行合理的假设：伶盗龙的部分右腿可能被困在了原角龙的身体下被压碎了。出人意料的是这种动物在近距离搏斗中使用爪子的方式：伶盗龙的左脚高高抬起，致命的镰刀状爪子深陷对手的喉咙部位。这可能是予以原角龙的致命一击。看起来伶盗龙占了上风，但由于右臂被困，右腿可能被卡住，它根本逃不掉。

这两只恐龙都已经筋疲力尽，身负重伤。它们生活在沙漠中，环境与今天的戈壁类似。人们一致认为可能是雷雨期间的

图片来自 R. 巴斯伯德 (Barsbold, R.)《战斗中的恐龙：它们的身体在死前和死后的位置》(《古生物学杂志》，2016 年第 50 期)

图 4.3　著名的"战斗中的恐龙"化石，令人叹为观止记录了伶盗龙与原角龙之间的殊死搏斗。
请注意，伶盗龙的左腿高高举起，臭名昭著的"镰刀爪"置于原角龙的颈部。

图 4.4　永恒的僵局

在一场史诗般的战斗中，伶盗龙和原角龙同归于尽。这场战斗中没有赢家。

暴雨，导致一个沙丘在它们上方坍塌，泥沙从它们身上席卷而过，可能在一瞬间便把搏斗中的两只恐龙埋了起来。虽然这种情况似乎可能性最大，但也有人认为两只恐龙是被严重的沙尘暴掩埋了，或是直接死于互搏，然后被流沙慢慢埋葬。不管怎样，有一件事不太合理，那就是原角龙失去了双臂、左腿和尾巴的末端，但伶盗龙的骨架却很完整。还有一种说法认为伶盗龙攻击并杀死了原角龙，但在此过程中被困住，最终在被埋葬前死亡。之后，有食肉恐龙（也许是其他伶盗龙）发现了原角龙暴露的部分尸身，便尽其所能地搜刮食材（撕扯其暴露在外的尸身）。另一个案例中，原角龙也出现了其他此类掠食关系的证据，那就是带有啃食痕迹的骨骼。这些骨骼是与伶盗龙脱落的牙齿一起被发现的。

不管它们如何被保存了下来，这项了不起的发现都成为蒙古的国宝：这是第一件捕捉到恐龙互搏至死情景的化石。掠食者与被掠食者之间的关系简直令人震惊。这件化石留存了 7500 万年前两只战斗恐龙生前的最后景象，为证明伶盗龙和原角龙战斗至死提供了无可辩驳的证据。

侏罗纪闹剧：误杀

大约 1.5 亿年前，在温暖的热带海洋上空，一只小小的、长有牙齿的翼龙正在狩猎。这只名为明氏喙嘴翼龙（*Rhamphorhynchus muensteri*）的掠食者前往猎杀在潟湖中的一群鱼。它一头扎进水里，抓起一条鱼，将其头朝下吞了下去。就在这条鱼滑入翼龙食道的关键时刻，深海中又蹿出一条敏捷的鱼类掠食者，对翼龙发起了攻击。二者纠缠在一起，随后沉入缺氧的潟湖底部，永远一同埋葬在那里。

以上情景是基于一件化石进行的合理推论。在一件保存完整的翼龙化石中，翼龙的喉咙里有一条小鱼，胃里装满了半消化的鱼类残骸。它的上颌形同长矛，你找不到长相比它更怒气冲天的鱼了。这是一条体长 80 厘米的利喙剑鼻鱼（*Aspidorhynchus acutirostris*）。剑鼻鱼有细长的喙状吻、锋利的牙齿以及细长的身体，看起来有点像现代的长嘴鱼。这块化石发现于 2009 年，采集自德国巴伐利亚州艾希斯泰特镇附近的侏罗纪索伦霍芬石灰岩。我有幸亲自检查了这件标本，甚至在它出土后的几个星期还参观了发掘现场（我看到了地上的洞）。我敢肯定地说，在我查看过的所有化石中，这件化石绝对属于罕见的精品。

这两个对头纠缠不休，剑鼻鱼的牙齿和尖嘴被卡住，甚至刺穿了翼龙的部分革质左翼。翼龙的翼由一层皮肤薄膜覆盖，从翼尖延伸到脚踝。为了挣脱，剑鼻鱼会用力摆头，左右摇晃翼龙，翼龙左翼手指的明显扭曲可以证明这一点（明氏喙嘴翼龙骨架的其他部分仍然完好无损，并且呈自然状态连接）。剑鼻鱼与翼龙纠缠在一起，并努力试图挣脱，它可能已经游到了潟湖深处，不小心进入了有毒的缺氧水域，而后在那里窒息而亡。据推测，翼龙在这个时候已经淹死了。当然，这纯属猜测。

不过，它们既然被保存成了化石，必然是在短时间内漂流到了深渊深处，否则可能早就被体型更大的动物吃掉了。

这种奇怪的关系令人不禁发问，剑鼻鱼是在和翼龙追捕同一个猎物而意外抓到了翼龙，还是它真的在猎杀这种会飞的爬行动物？如果是后者，它是在水下抓到了翼龙，还是在翼龙俯冲下来抓鱼的时刻跳了出来？翼龙的食道里有一条小鱼，这表明它们的相遇发生在翼龙成功捕猎的过程之中或之后。幸运的摄影师和电影制片人在野外观察现生动物时，偶尔会同时捕捉到多个像这样的掠食关系。通常情况下，他们会看到掠食者激烈追逐被掠食者，这场追逐会以被掠食者被捕获而结束，但最后二者都会被更大的掠食者吃掉。镜头偶尔会拍下一些奇怪的场景，有时是动物们不小心纠缠在一起，有时是在狩猎过程中，比如一条长嘴鱼的尖嘴嵌在另一只动物身上，或者一只鸟的喙直接刺穿了一条鱼的身体。

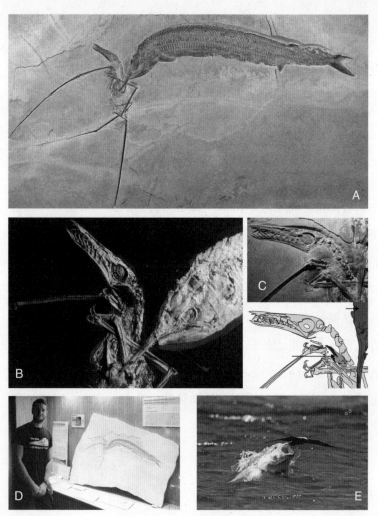

图片（A）和（C）由赫尔穆特·蒂施林格（Helmut Tischlinger）提供，插图由迪诺·弗雷（Dino Frey）绘制；图片（B）由迈克·艾克伦德（Mike Eklund）和怀俄明恐龙中心提供；图片（D）由利维·辛克尔（Levi Shinkle）提供；图片（E）由BBC工作室提供

图 4.5

（A）明氏喙嘴翼龙被食肉的剑鼻鱼抓住；（B）紫外光照射下的细节显示了剑鼻鱼的上颌被夹住的位置（可能是翼龙的翅膀）；（C）明氏喙嘴翼龙头骨的特写，由下面的草图可见，翼龙的食道里有鱼类细碎的骨骼。上面的箭头指向大鱼的头部，下面的箭头指向翼龙食道内的鱼类碎片；（D）作者与"侏罗纪闹剧"；（E）现代的巨型鲹鱼伏击鸟类，本图片来自大卫·爱登堡（David Attenborough）的《蓝色星球2》。

到目前为止，尚未在剑鼻鱼体内发现明氏喙嘴翼龙的遗骸，但这并不意味着这是个特例。相反，这条鱼似乎对这只翼龙的大小判断错误，因为它的嘴张得太小，无法将猎物整个吞下。又或者这可能只是个意外。耐人寻味的是，在一件描述了反刍行为的化石中，研究人员发现了部分被消化掉的喙嘴龙椎骨和指骨。尽管无法确定是谁吃掉了这只翼龙，不过有一种食肉鱼类的嫌疑最大。也许凶手就是一只剑鼻鱼。

这件化石中呈现出的关系并非特例，目前已知还有另外四件几乎相同的化石。在每个案例中喙嘴龙都与剑鼻鱼的颌骨纠缠在一起，所以它们之间的关系不是巧合。相反，这种食肉鱼类似乎是在猎杀翼龙，也许就是利用了翼龙入水捕猎的时机。这些失败的袭击表明剑鼻鱼在判断上存在着致命的错误。现代的一些鱼类以鸟类为食，有些甚至会跳出水面捕捉海鸟（比如在大卫·艾登堡的纪录片《蓝色星球 2》中拍摄到的巨型鲹鱼）。

人们发现了五对保存精美的喙嘴龙与剑鼻鱼化石。这一事实表明，这两个大相径庭的侏罗纪时期的物种之间存在一种常见的（但又极不寻常）、出人意料的掠食—被掠食关系。在 2009 年发现的这件独一无二的标本捕捉到了罕见的石化情景，呈现出一个令人惊叹的食物链。

原始海洋中的恐怖蠕虫

说起史前掠食者，人们往往会立刻想到恐龙、剑齿虎和巨

图 4.6　最后的伏击

饥饿的剑鼻鱼即将展开杀戮，在这千钧一发之际，

一只明氏喙嘴翼龙潜入水中，迅速抢走了一条小鱼。

齿鲨。在众多可怕的巨兽中，它们因为巨大的体型、致命的利齿或顶级掠食者的地位而备受推崇。那些体型较小的掠食者很容易被忽略，它们的故事也在时间的漫漫长河中被遗忘。

这些颇具代表性的掠食者占据了舞台中央，但它们并非是整个史前时代的顶级掠食者。早在这些顶级掠食者演化之前，地球上就出现了一些物种，它们也是自己时代的顶级掠食者。这些元老级的顶级掠食者，在恐龙及其同时代的动物出现之前就已经变成了化石。相关最早的化石记录来自寒武纪，当时发生了生命大爆发，动物开始互相掠食，在 5 亿多年前首次形成了复杂的掠食—被掠食关系。

一种叫作奥特瓦虫（*Ottoia*）的掠食性曳鳃动物门海洋蠕虫，让我们对这种关系有了独特的了解。这些保存精致、储量丰富的化石，来自不列颠哥伦比亚省著名的伯吉斯页岩（见第 2 章）。曳鳃动物是在海底生长的肉食性蠕虫，大约有 20 个现生种。由于人们认为它们形似阳具，常常称其为"阴茎蠕虫"。尽管在时间上相隔甚远，但根据这些罕见的被保存下来的软组织化石，可以得知奥特瓦虫与它的现代近亲大致相同，它们拥有相似的身形和可伸缩的刺状进食长吻。

一只 5.05 亿年前的带刺阴茎蠕虫，可能听起来并不可怕（或许它使人联想到的形象会有些骇人），但它在自己所处的生态系统中具有一定的体型优势。奥特瓦虫的体长最大可达约 15 厘米，在食物链网中发挥着重要作用。

在那个强者环伺的时期，奥特瓦虫不是最致命的掠食者，但它们会在泥泞的海底积极地巡视和掠食，在那里它们是最大的一类食肉动物。它们生活在地下洞穴中，也许善于埋伏，懂得守株待兔，依靠化学信号来触发攻击，任何在其洞穴附近徘徊的动物都会受到惊吓。奥特瓦虫有一个看起来很吓人的长吻，周围有好几排钩和刺，最后是一个长有锋利咽头齿的嘴，这是它抓捕猎物的工具。

从存有肠道内容物的标本来看，奥特瓦虫是第一个为寒武纪生态系统中掠食—被掠食关系提供直接证据的生物。关于奥特瓦虫的开创性研究成果发表于1977年。在2012年的一项大规模研究中，人们又发现了大量关于其饮食的证据。这项研究发现，2632件奥特瓦虫标本中留有肠道内容物。伯吉斯页岩的材质十分特殊，可以保存动物身体的软组织部分，否则内部器官等部分就不会保存下来。因此，奥特瓦虫的肠道从咽部到肛门都清晰可见。

经鉴定，在2000件标本中有561只奥特瓦虫的肠道保存下了最后一餐，占总样本量的21%。这些遗骸显示，奥特瓦虫以当时的众多物种为食，它们常常将猎物整个吞下。猎物包括有壳的无脊椎动物（软舌螺和腕足动物）、不同类型的微小节肢动物（三叶虫，球接子类动物和高肌虫）、名为威瓦亚虫类（wiwaxiids）的带刺动物以及一种多毛纲动物。在某些奥特瓦虫的肠道内发现了同一物种的多个样本，还有的肠道内存在各种不同的物种。有证据表明，奥特瓦虫甚至可能会同类相食，因为一件奥特瓦虫标本的肠道内容物与另一件奥特瓦虫标本存在关系。然而，我们无法确定另一只奥特瓦虫是在肠道中，还是恰好处于肠道位置。在三件特殊的标本中，奥特瓦虫与一个叫作西德尼虫（*Sidneyia*）的大小相似的节肢动物尸体直接相关。其中一件标本中，包含至少五只西德尼虫幼虫和成虫。显然，它们正在进食，这表明奥特瓦虫也是活跃的食腐动物。

这些发现表明奥特瓦虫的胃口极大。虽然软舌螺是它最喜爱的零食，在它们的肠道内最常见，但肠道内丰富的物种（多达 9 种），足以证明它们简直百无禁忌，会通过狩猎或拾荒，来摄取任何自己能找到的食物。最近发现的一些以各种动物为食的曳鳃动物，比如，尾曳鳃虫（*Priapulus caudatus*）可以支持这一观点，它们的食性类型相似。

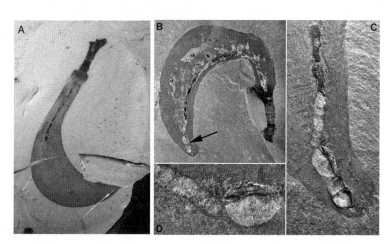

图片（A）由维基共享资源提供，拍摄者马丁·史密斯（Martin R. Smith）；
图片（B）（D）由让·凡尼尔（Jean Vannier）提供

图 4.7
（A）完整的奥特瓦虫标本，它伸出了长长的吻；
（B）一件肠道轮廓展现完美的奥特瓦虫化石，箭头指向它的最后一餐；
（C）（D）系同一标本的肠道内容物，其中包含两只腕足动物。

图 4.8　早起的虫子

各种小动物遭遇伏击，试图逃离"巨大的"、来势汹汹的奥特瓦虫。

它抓住了一只带壳的软舌螺。

如今的生态系统，在很大程度上受到掠食者的影响。掠食与被掠食这一相互关系如此深埋在时间长河之中，竟能从像奥特瓦虫这样古老的化石中，获得可靠的证据而进行重建，这实在令人难以置信。

贪吃鱼

1952 年春天，著名的化石猎人乔治·斯腾伯格（George F. Sternberg）陪同两位来自纽约市美国自然历史博物馆的古生物学家鲍勃·谢弗（Bob Schaeffer）和沃尔特·索伦森（Walter Sorenson）在堪萨斯州戈夫县进行了一次鱼化石狩猎。在寻找化石的过程中，索伦森发现了一大块扁平的骨骼，看起来似乎是一条大鱼尾巴的一部分。斯腾伯格当即确认它来自一种大型掠食性鱼类，即勇猛剑射鱼（*Xiphactinus audax*）。这条长相怪异的鱼有点像现代的大海鲢，它的嘴巴上翘，如同斗牛犬，但下颌又布满了突出的、犬齿一般的牙齿。它行动迅速、强壮有力，是那个时期的顶级掠食者。

在谢弗和索伦森离开戈夫县继续旅行之前，他们又发现这条鱼尾暴露出了更多的部分，便把它从白垩岩中凿了出来。由于无法保证化石的完整性，又缺乏运回纽约所需的资金，加上美国自然历史博物馆已经买下了当地的一件鱼化石，谢弗和索伦森便拜托斯腾伯格，采集并保存这些化石（因为他住在当地）。

1952 年 6 月 1 日，斯腾伯格回到现场开始挖掘这件化石。因为担心标本会受损或丢失，他顶着堪萨斯州的烈日在这件鱼化石的旁边扎营，直到 6 月底，才将化石完全挖掘出来。他的辛劳和耐心得到了回报。这条鱼是已知保存情况最好的剑射鱼，体长大约 4.3 米，是个大家伙。相比之下，采集于 2008 年，迄今为止发现的最大鱼类标本体长也不过 5.6 米。斯腾伯格联系了美国自然历史博物馆的谢弗，向他解释了这件鱼化石的重大意义，甚至提出要把标本送给他。但是谢弗拒绝了他的好意，因为这些艰苦的工作全部是由斯腾伯格完成的。

　　斯腾伯格的鱼化石是世界上保存最完整、保存情况最好的剑射鱼化石。在这条鱼完整地暴露出来之后，斯腾伯格立即在野外着手清理覆盖在一些骨骼上的白垩岩碎屑。在此过程中他有了一个新的发现，震惊了古生物学家和公众。

　　在这条剑射鱼的肋骨之间保存着另一条完整的鱼骨骼，头部朝向与剑射鱼的头部朝向相反。这是个尚未出生的胎儿吗？肯定不是。剑射鱼体内的这条鱼相当大，体长 1.8 米出头，这个鱼骨骼属于一个完全不同的物种，叫作弓鳃腺鱼（*Gillicus arcuatus*）。斯腾伯格发现的化石是一条剑射鱼和它的最后一餐，弓鳃腺鱼的骨骼化石，这为掠食者—被掠食者关系提供了直接证据。这条"鱼中鱼"被称为斯腾伯格的"化石奇迹"，并成为世界上最具辨识度和最受游客欢迎的一件化石。这个标本现如今被陈列在斯腾伯格自然历史博物馆中，成为了镇馆之宝。

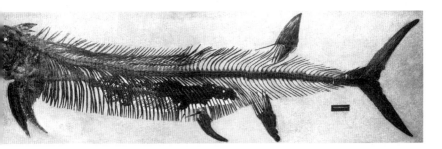

图片由迈克·埃弗哈特（Mike Everhart）提供

图 4.9

斯腾伯格挖掘出的"化石奇迹"，

即体内有弓鳃腺鱼的剑射鱼——著名的"鱼中鱼"。

图片来自《乔治·斯腾伯格图片集》（福特海斯州立大学的大学档案馆）

图 4.10

1952 年，乔治·斯腾伯格（左）正在仔细清理他发现的完美化石。

图 4.11　命运多舛的乐观主义者

一条贪婪的剑射鱼正在用力吞下自己吞不下的食物——一整条鳃腺鱼。
这条鳃腺鱼马上就会卡住它的喉咙。

剑射鱼显然是想把鳃腺鱼从头整个吞下去，但由于猎物的个头实在太大，剑射鱼的吞食过程并不顺利。鳃腺鱼的尾巴似乎卡在（或靠近）剑射鱼的喉咙区域。没有任何迹象能表明，消化过程已经开始（鳃腺鱼的骨骼上没有酸蚀痕迹）。因此，剑射鱼不仅有可能被猎物噎住，也很可能因此受伤。鳃腺鱼在挣扎扭动中试图逃跑，它锋利的鳍刺可能刺穿了剑射鱼的食道或胃（甚至可能刺破了重要的器官），它们注定都要葬身于西部内海的海底。这一切可能发生在几分钟内。

许多动物会将其他动物整个吞下，这是它们掠食行为中正常的一环。蛇也许是掌握这项技术的顶尖专家，因为它们不会咀嚼，它们一贯是眼馋肚饱、贪得无厌。蛇吞下太大的猎物时会被卡住或造成内部损伤，这很有可能使其毙命。很多类似剑射鱼的掠食性鱼类，经常将它们的猎物整个吞下，而被较大的猎物卡住。2019 年，人们发现一条死去的大白鲨的口腔中，卡着一只超大的海龟尸体。在某些情况下，即使被整个吞下，猎物也可以反击并设法逃生，例如刺激掠食者使其反刍，或者从猎物摇身一变成为猎人（或挖掘工），从掠食者体内挖出一条逃生之路。曾有这样一个奇特的案例，一条盲蛇被蟾蜍吃掉了，但它顽强地活着，最终竟穿过了蟾蜍的胃肠系统，从蟾蜍的泄殖腔里钻了出来。

这件"鱼中鱼"化石不是个例。人们已经发现了一些剑射鱼化石，它们的最后一餐都是鳃腺鱼，其中一件化石体内也有一整只鳃腺鱼。另外还有一个完整的剑射鱼标本，肋骨间确认夹杂着一具不同类型的链形鱼骨架（*Thryptodus*）。其他许多剑射鱼的胃腔内，含有未完全消化的鳃腺鱼及其碎骨片（通常是椎骨）。显然，鳃腺鱼是剑射鱼非常偏爱的美食。

这种奇特的掠食者—被掠食者关系化石，留下了典型狩猎行为的证据。不幸的是，这些龇牙咧嘴的鱼类掠食者，在8500万年前选错了晚餐，它们吞下的食物远远超过了它们的胃容量。

破解碎骨犬之谜

如果史前食肉动物的胃里没有保存下最后一餐，就很难弄清它们的进食方式与食物。如果古生物学家永远无法验证他们的假设是否正确，那该是多么令人沮丧的事。在某些情况下，可以通过几条证据线，推断出某个史前物种是以什么方式吃下了某种食物，这种方式准确性较高。

在已灭绝的犬类（犬科动物）分支中，有一个绝佳的案例，恐犬亚科（Borophaginae）。它们有一个响当当的绰号，"碎骨犬"。恐犬亚科动物一度在北美洲很常见，历经3000多万年的辉煌岁月，最终在200万年前即冰河时期开始之前灭绝。

尽管被称为"碎骨犬"，但并非所有的恐犬亚科动物都能够粉碎骨头。许多早期的恐犬亚科动物是体型较小的杂食动物，跟狐狸差不多大，较大的碎骨犬出现得较晚，它们是顶级掠食者。巨大的海氏上犬（*Epicyon haydeni*）体型和棕熊一样大，体重和狮子一样沉，是有史以来已知最大的犬科动物。根据其巨大的肌肉附着处可以推断，这些大狗具备坚固的头骨和下颌、圆拱形的前额，牙齿十分坚固，咬合力强大。详细的计算模型表明，它们巨大的颊齿能够应对高水平的张力，这与化石显示的，骨骼破裂导致牙齿过度磨损的结果一致。如今，类似的特征只在非洲和亚洲的鬣狗身上出现过，它们因咬碎并吃掉猎物的骨头而得名。这是否表明，能咬碎骨头的恐犬亚科动物也做过同样的事情？

根据这些古代犬类的特征，并结合它们与现代类似物种（鬣狗）的比较，可以推断它们的进食与饮食习惯。计算机模拟结果显示它们的牙齿十分有力，抗压能力极强。因此，恐犬亚科在很长一段时间里被视为北美生态系统中的鬣狗。人们认为它们也会咬碎并吞食骨骼，但并没有直接证据可以证明这一点。

恐犬亚科最后一个幸存的犬种是恐犬（*Borophagus*），这个亚科就是以此类动物命名的。与所有的犬类相比，它的前臼齿最大、最发达，专门用于咬碎骨骼。恐犬的体重超过 40 公斤甚至更多，可以把它想象成一只强大的、和狼一般大小的狗，具有像鬣狗一样的碎骨利齿。恐犬化石十分常见，在北美多处化石点都有出土。但它们的骨骼并没有解答我们的疑惑，证据反而存在于它们的粪便之中。

想要确切地知道一个动物吃了什么食物，就需要看看它的排泄物。这个道理听起来十分简单，但当研究对象变成已灭绝的物种时，这项工作便会困难得多。尽管已经发现了无数的粪化石（化石粪便），但很少能找到与粪便残余物相关的动物化石，从而推断是谁排泄了这些粪便。但是，如果在同一块岩石中发现粪化石与动物实体化石，就可能有把握找到粪化石的制造者。洛杉矶县自然历史博物馆的古生物学家和犬类化石专家王晓鸣和同事完成了这一创举，他们对从加利福尼亚州斯坦尼斯劳斯县新采集到的稀有粪化石展开了研究。这些粪化石来自一个距今530—640万年的中新世地层，人们在那里发现了大量的恐犬遗骸。

这些粪化石中塞满了骨骼，有力地证明了这些粪便的排泄者正是恐犬。它们是该地层中唯一可能排泄这些史前粪便的大型食肉动物。粪便大小与现代狼类的粪便大小相当。显微 CT 扫描显示，粪化石的表面和内部保存有未被溶解的骨碎片。这些碎片大多棱角平整、表面圆滑，可能经过了酸蚀。其中一些碎片可以辨识，包括鸟类的肢骨、海狸的颌骨碎片、中型哺乳动物的头骨碎片以及大型鹿类哺乳动物的部分肋骨。这些粪便可以证实恐犬以各种动物为食，并常常吃掉它们的骨头，甚至可能是整个尸体，这和斑鬣狗一样。这些古老粪便中的骨骼碎片还表明，尽管恐犬吞食骨头的方式跟斑鬣狗很相似，但它们消化骨头的方式更像条纹鬣狗和棕鬣狗。

在同一地点发现大量化石粪便，这让人不禁联想到了气味标记行为，类似于许多现生群居食肉动物圈定的如厕区域。从粪化石中可以看出，恐犬可能是群居动物。它们能够捕获比自己大得多的猎物，就像斑鬣狗和狼一样。除了成群结队地狩猎之外，恐犬可能比其他掠食者更为强壮，能够偷取它们的猎物，

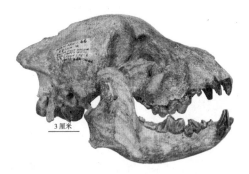

3 厘米

图片来自王晓鸣等《首例碎骨犬粪化石为了解恐犬的食骨特性及其独特的生态环境提供了全新视角》(*eLife* 杂志，2018 年第 7 期)

图 4.12

恐犬的完整头骨和下颌，来自堪萨斯州谢尔曼县。

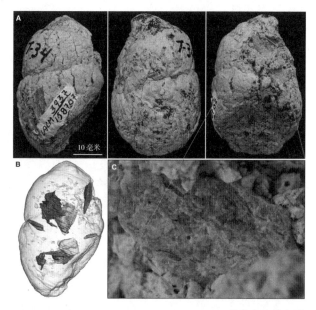

10 毫米

图片出处同上图

图 4.13

（A）恐犬的粪化石多视图；（B）同一粪化石的内部内容，含有多个骨骼碎片；（C）嵌在粪化石中的骨骼碎片特写。

图 4.14 "骨骼粉碎机"

一只恐犬"优雅地"在几坨干燥的粪便旁排便。

由于它吃下去的骨骼含有钙质，粪便呈白色。

在背景中可以看到恐犬群的其他成员在休息，其中一只正在咬碎骨头。

偶尔还会咬碎（并吃掉）其他动物吃剩的骨头，获取其中营养丰富、高热量的骨髓。

　　恐犬类独自演化出了一种高度专业化的碎骨行为，类似于已灭绝的和现代的鬣狗。尽管在这些犬类的肠道中还没有发现骨骼，但它们的粪化石已经证实了长期以来的猜测是正确的。这些顶级掠食者会吃掉猎物的骨头，填补了一个在当今北美已经不复存在的生态位。

抓住那个杀手：以恐龙幼崽为食的蛇

　　化石通常包裹在岩石中，被发现时只有一小部分露出来，也许是几块骨骼，也许是一块贝壳。和化石一样，并非所有的标本都是完整的。事实上大多数标本都是残缺的。因此，判断岩层中动物化石的保存状况，多少带有些打赌的意味。古生物学家往往具备一种类似超能力的能力，仅仅通过观察部分暴露出的化石，便能确定一个标本的完整性或重要性。这意味着，他们如果没有在标本中看到非同寻常或十分罕见的特征，便可以把它们的发掘任务排在后面，晚些在实验室里对其进行重新检查或清理工作。一般来说，这些沧海遗珠都是古生物学家在日常浏览化石藏品时（重新）发现的。

　　1984 年，古生物学家达南杰·莫哈比（Dhananjay Mohabey）进行田野考察时，在印度西部的多利——东格里村附近采集到了一片巨大的岩石，其中有 3 枚 6700 万年前的恐龙蛋。恐龙蛋在该地区很常见，在世界各地都有发现。这几枚恐龙蛋为球形，直径长达 16 厘米。根据蛋的形状和巨大的尺寸，能明显辨识出这些蛋是由蜥脚类恐龙产下的。蜥脚类恐龙是长颈长尾的巨兽，包括梁龙（*Diplodocus*）和雷龙（*Brontosaurus*）。蜥脚类恐龙的蛋很大，通常呈球形，有点像西瓜，所以莫哈比发现的蛋，很明显属于蜥脚类恐龙。

其中一枚蛋被压碎了，另外两枚完好无损，没有孵化。从它们之间的密切联系来看，与在同一地区发现的其他恐龙蛋群相比，这三枚蜥脚类恐龙蛋曾经同属一窝蛋，而这一窝蛋通常包括 6 到 12 枚。在被压碎的蛋旁边，保存着一只刚孵出的蜥脚类恐龙幼崽的精致骨骼。这只迷你的蜥脚类恐龙意义重大，因为蜥脚类恐龙幼崽的化石很罕见。不过，这个标本中最大的秘密还未被揭开。

发现这件化石几年后，人们才发现这是个"张冠李戴"的案例。所谓的"蜥脚类恐龙幼崽"脊椎实际上来自一条蛇。2001 年，古生物学家杰弗里·威尔逊（Jeffrey Wilson）证实了这一点。他曾到访过印度，并与莫哈比一起研究了这个标本。考虑到整个岩块内可能藏有更多的蛇，研究人员同意将这件标本暂时运到密歇根大学，在那里可以小心地移除脊椎和蜥脚类恐龙蛋周边的岩石。

研究小组惊奇地发现，移除岩石后，一条几乎完整的蛇骨盘踞在窝里，环绕着三枚恐龙蛋和蜥脚类恐龙幼崽。白垩纪的蛇类很罕见，经鉴定，这个标本是一个全新的物种，被命名为

图片来自 J.A. 威尔逊（Wilson, J. A.）等《新发现：印度白垩纪晚期一种掠食
恐龙幼崽的蛇类》（《公共科学图书馆 – 综合》，2010 年第 8 期）

图 4.15

（A）印度古裂口蛇（*Sanajeh indicus*），盘绕在一个蜥脚类恐龙蛋周围，其中
一个蛋旁边还有一块小小的新生儿碎片；（B）解释性插图标示出了骨骼与蛋的
位置以及辨识结果。

印度古裂口蛇（*Sanajeh indicus*）。这条蛇出现在蜥脚类恐龙的巢穴中，引起了人们关于这种史前蛇类掠食生态学的几个问题。这种蛇以蛋为食吗？如果是的话，它又是怎么吃掉这些蛋的？

许多现生蛇类都会吃蛋，通常将其整个吞下，这是自然界中令人惊叹而又奇特的行为。根据蛇与蛋之间的关系，可以推断出印度古裂口蛇会将这些特殊的蛋整个吞下。这个推测似乎很有道理，但根据印度古裂口蛇头骨和骨骼的特征显示，它们缺乏现代食蛋蛇类特有的宽口。因此，人们认为它无法吞下一整个大的蜥脚类恐龙蛋，因为蛋的大小远远超过了蛇的口部宽度。

印度古裂口蛇的生活方式很可能与墨西哥现存的蟒蛇相似。它们通过挤压打碎橄榄海龟的蛋，然后吃掉蛋里的胚胎。这种情况的可能性最大，不过还有一种可能，这条蛇只是在静静等待蜥脚类恐龙幼崽自己破开蛋壳，这样它就可以采取行动了。印度古裂口蛇很可能两种策略都采用了。同一地区的蜥脚类恐龙蛋旁也发现了其他印度古裂口蛇的骨骼。这表明，这些蛇类是在一种典型的掠食行为中对蜥脚类恐龙幼崽发起了进攻，而这也为这种掠食者—被掠食者的相互关系提供了更多的证据。

与刚孵化的 50 厘米长的恐龙幼崽相比，体长 3.5 米的印度古裂口蛇有巨大的体型优势，这使恐龙幼崽非常容易遭受攻击，它们唯一的防御方式就是迅速发育。成年蜥脚类恐龙的身体要比两到三辆巴士还长，显然不会被蛇类列入菜单。

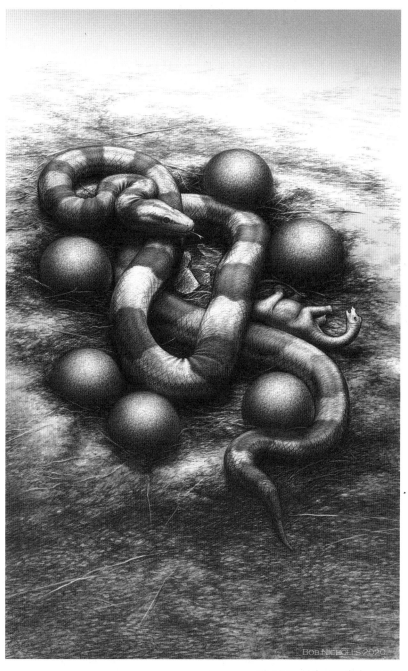

图 4.16　巢中的印度古裂口蛇
一条印度古裂口蛇潜入了一个蜥脚类巨龙的巢穴中，它盘绕在恐龙蛋上，
准备向一只新生的蜥脚类恐龙幼崽发起攻击。

在 6700 万年前的白垩纪晚期，一只小恐龙刚从蛋中孵化，第一次呼吸到了这个世界的空气。这只刚刚孵化出来的小恐龙从蛋壳里慢慢地站立起来，跌跌撞撞地走了几步。印度古裂口蛇被恐龙幼崽的气味和动作所吸引，潜入巢穴，它以顺时针方向盘绕在其中一枚蛋上，将头靠在最上层的身体上，蓄势待发。在这千钧一发之际，掠食者和被盯上的被掠食者被风暴引起的沙地泥石流活埋，纷纷窒息，永远安息于此。根据标本所在的岩层以及当地的地质情况，可以得知这个环境在史前应该属于亚热带气候，分旱雨两季，雨季时会有巨大的暴风雨，有时也会暴发泥石流。

这条蛇没能享用大餐，反而正巧撞上这个死局。它在泥石流的流动过程中被覆盖，很快就被埋在了泥沙深处。希望刚出世的恐龙幼崽不知道自己即将面临什么。这种相互关系证明了蛇类曾经以恐龙（曾经最大的陆地动物）幼崽为食。如果不是这件惊人的化石，我们也无从得知这个真相。

以恐龙为食的哺乳动物

在史前掠食者中，恐龙总是抢尽了风头。尽管这些爬行动物称霸了数百万年，但我们总是很容易忘记，最早的哺乳动物祖先在同一时期也已出现，它们在巨人的阴影下仓皇求生。这些如现代老鼠大小的哺乳动物，一不小心就会在那些行动迅速的掠食者手下丧命。在一个由恐龙主宰的世界里，这些毛茸茸的小动物无疑会成为大大小小兽脚类恐龙的家常菜。但是，如果真实情况恰恰相反呢？

与大众的认知相悖，并不是所有恐龙时代的哺乳动物体型都很小。以中国辽宁省丰富的白垩纪岩层中采集到的两种新的哺乳动物化石为例，第一种是强壮爬兽化石（*Remenomamus robustus*），它在 2000 年被研究并进行描述。而后是体型更大的巨爬兽（*R. giganticus*）化石，在 2005 年引起了科研人员的注意。

倘若在化石描述中看到诸如"强壮""巨大"这样的词汇，我们会立即联想到一些巨型动物。在这种情况下，也许会想象出体型与梁龙（*Diplodocus*）或剑龙（*Stegosaurus*）相近的古代哺乳动物。然而，真相与想象相去甚远。成年强壮爬兽和现代猫咪差不多大，巨爬兽的体型与现代大獾相近，最大体长超过 1 米，体重约 12—14 公斤。这种体型可能看起来不大，但放在已知的早期哺乳动物演化史中，巨爬兽真的算得上是庞然大物了。相比之下，许多小型的中生代哺乳动物的头骨很小，只有 1—5 厘米长，它们昼伏夜出，以昆虫为食。而巨爬兽的头骨长达 16 厘米，显然与那些哺乳动物差别巨大。因此，根据保存基本完整的骨骼可以确认爬兽是已知最大的中生代哺乳动物。

庞大的体型、强壮的头骨，以及锋利的牙齿，这些都表明爬兽是掠食者。爬兽或许在与周围环境中的恐龙进行竞争后，成功地获得了生存优势，毕竟，那时许多体型较小的长有羽毛的兽脚类恐龙（包括驰龙）仅有几公斤重。那么，这种野兽以什么为食呢？昆虫、鱼类，或是更小的哺乳动物？这些可能性似乎很大，但有一点我们可以肯定，它吃恐龙，尤其是恐龙幼崽。

一件强壮爬兽化石在出土时仅有几块骨骼暴露在外，因此它被送往实验室做进一步评估。研究人员在准备过程中清理掉了岩石，结果发现这件标本近乎保存完整。不过，这还不是全部发现。在精细的清理工作之后，研究人员发现其肋骨之间混杂着骨骼和牙齿。它们的肋骨与现生哺乳动物的胃处于同一位置，这是它最后一餐的残骸。经仔细检查后发现，这些细小的锯齿状牙齿、四肢和手指与小鹦鹉嘴龙（一种角龙）的身体结构相吻合（见第2章）。巧合的是，在发现强壮爬兽的同一岩层中，也常常能发掘出这种植食动物的成体和幼体。

这只被部分消化了的幼龙体长大概只有14厘米，牙齿上有由进食造成的磨损，表明这肯定不是从敲碎的蛋壳里取出的胚胎。一些较长的肢体骨骼关节仍然连接在一起，但头骨和其他骨骼都碎了，这表明强壮爬兽在将这只幼龙吞下之前，将其撕扯分成了易于吞咽的碎块，这与鳄鱼的进食方式相似。从一些已知鹦鹉嘴龙的化石中可知，这个年龄段的幼龙往往成群结队，与它们的父母待在一起。因此强壮爬兽有可能是在幼龙在外游荡时掳走了它们，或许是主动袭击了它们的巢穴。然而，鹦鹉嘴龙的体型是这种爬兽的两倍，因此爬兽似乎不太可能挑衅成年鹦鹉嘴龙。

直接证据证明了早期哺乳动物以恐龙为食，而不是恐龙以早期哺乳动物为食。这个发现颠覆了我们的预想认知和对于史前世界的刻板印象。在 1.25 亿年前的哺乳动物肠道中发现了恐龙幼崽的骨骼，这一事实仿佛开启了一个完全不同的世界，一个我们从未设想过的世界。如果不是因为这块神奇的化石，爬兽在人们心目中可能只是毛茸茸的小动物，还是兽脚类恐龙的食物。

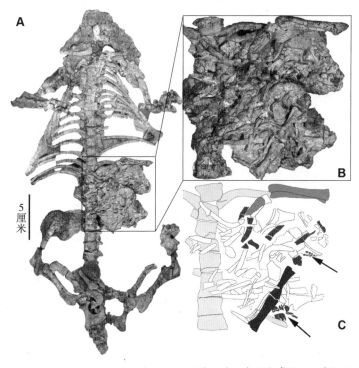

图片由美国自然史博物馆孟津提供

图 4.17

（A）强壮爬兽的骨架，它的胃里有一只鹦鹉嘴龙幼崽不完整的、部分被消化掉的骨架；（B）胃内容物特写；（C）胃内容物图解，其中包含恐龙幼崽的碎片和被撕裂的残骸。箭头指向恐龙的牙齿。

图 4.18　快乐的白袜先生

一只孤独的爬兽骄傲地炫耀着自己的猎物——一只掉队的小鹦鹉嘴龙。在远处背景中，一只将近成年的鹦鹉嘴龙带着几只小鹦鹉龙穿过茂密的树丛离开了。

觅食地：“奇趣之地？”

　　人们在怀俄明州发现了许多举世闻名的恐龙，例如梁龙、剑龙和异特龙（Allosaurus）。它们都出自著名的、盛产恐龙化石的侏罗世晚期莫里逊组（Morrison Formation）。1993 年，人们在位于毕葛红盆地瑟莫波利斯小镇的暖泉牧场发现了大量来自该地层的恐龙骨骼。人们将数量庞大的化石保存在新建立的博物馆中，将其命名怀俄明恐龙中心。

　　1995 年，怀俄明恐龙中心对外开放，一项极其重要的发现也在同年出现。在发掘一个新发现的采石场中 1.5 亿年前的岩层时，人们发现了各种恐龙的足迹，以及几十颗兽脚类恐龙（异特龙）的牙齿和零星的蜥脚类圆顶龙（Camarasaurus）骨骼。在同一块岩层中发现恐龙实体化石和痕迹化石的情况实属罕见。采石场的地质情况表明，圆顶龙位于一个古老湖泊的边缘。为了保存下所有这些生物关系，人们搭建了一个避难所。因为这个化石点环境引人入胜，人们称它为“SI”，即“奇趣之地”（Something Interesting）。是什么东西如此有趣呢？

　　圆顶龙长约 18 米，重约 15 吨，是怀俄明恐龙中心采石场中最常见的恐龙。在奇趣之地，大约 40% 到 50% 的骨骼已经暴露出来，这些是一只幼龙的骨骼，体型约是已知最大圆顶龙的一半。奇趣之地最神奇和罕见的发现，是在幼龙的部分腿部、臀部和尾部骨骼周围存在一个较大的凹陷。尸体最初在浅水湖边的泥土中被发现时就存在这些轮廓。古老的泥土地上显示出许多圆顶龙经过时留下的沉重的踩踏痕迹，一些圆顶龙的骨骼被踩碎（古生物学家称之为"dinoturbation"，恐龙扰动）。

在圆顶龙的轮廓和骨骼周围，一共发现了150多颗异特龙牙齿和许多三趾型痕迹，其中包括明显的抓痕，一些骨骼上有爪痕，还有一些存在由牙齿造成的损伤，这和异特龙牙齿相匹配。周围还有许多幼年与成年异特龙脱落的牙齿。这表明众多异特龙（可能是一个群体或家族）以圆顶龙为食，并在这个过程中牙齿脱落。圆顶龙的骨架呈散落状分布，这表明它的尸体确实被撕碎了，甚至连其体内的胃石也从内脏中暴露了出来。这是一场异特龙的进食狂欢。

异特龙的体长最长可达10米，是当时的顶级掠食者。一只成年异特龙可以轻而易举地干掉一只幼年圆顶龙，尤其是在有帮手的情况下。然而，没有任何迹象能证明是一只或多只异特龙杀死了圆顶龙。似乎更像是，异特龙被圆顶龙腐烂的尸体所吸引前来进食。在奇趣之地没有发现异特龙的骨骼，这表明异特龙要么是陆陆续续到达了觅食地，要么是它们可以包容其他同类，形成了一个社会群体。

怀俄明恐龙中心和奇趣之地采石场在我心中意义非凡。因为，我在那里花了好几个月的时间挖掘恐龙、研究藏品。于我而言，2008年的第一天就像是冒险电影里的情节。这么说听起来似乎有些老套，但我当时一边听着《侏罗纪公园》的原声带，一边乘着吉普车穿过崎岖的地形，爬上巨大的山丘，去往奇趣之地采石场。多年来，我在那里（以及他们的许多其他采石场）参加了几次挖掘活动，发掘出了圆顶龙的骨骼和异特龙的牙齿，还与利维·辛克尔（Levi Shinkle）共同发现了奇趣之地最大的异特龙牙齿之一。时至今日，奇趣之地地区仍在继续挖掘，新的发现仍在不断涌现。它们有助于揭示更多关于这场侏罗纪盛宴的非凡故事，必然会十分有趣。

图片（A）（B）和（E）由作者提供；图片（C）由怀俄明州恐龙中心提供，利维·辛克尔（Levi Shinkle）拍摄；图片（D）由比尔·瓦尔（Bill Wahl）提供

图 4.19 "奇趣之地"（SI）的挖掘现场

（A）幼年圆顶龙的各种骨骼围绕着一个尸体压出的巨大凹陷；请注意，左边有三个明显的爪痕；（B）大型蜥脚类恐龙的足迹。左边有一块被压扁的骨头；（C）在现场发现的一些异特龙牙齿；（D）作者坐在骨骼之间；（E）作者和利维·辛克尔发现的异特龙牙齿。

图 4.20　强大的机会主义者

一群侏罗纪异特龙在进食狂欢中撕碎了一具腐烂的幼年圆顶龙尸体。
地面的泥土被掀起来，由此可以判断有许多动物经过此处，
其他食肉动物以前也来过这里。

地狱猪的猎物尸体贮藏室

　　许多动物会将多余的食物储存在一个安全或隐蔽的地方，有需要时再来食用，就像我们会把剩菜储存在冰箱里一样。这种行为称作贮藏食物或囤积食物。啮齿类动物便是因这种行为臭名昭著，它们尤其会在食物紧缺的冬季做这种勾当。有些动物只会在短期内贮藏食物，在此期间它们会吃掉这些食物。豹子是最著名的一个案例，它们在大开杀戒之后通常会把食物拖到树上藏起来，离其他掠食者远远的，这样的进食环境更安全。有证据显示出化石食物贮藏的痕迹，即一些装满化石种子和坚果的口袋。你一定想不到，有一种可怕的肉类贮藏室是由巨大的"杀手地狱猪"建造的。

　　"地狱猪"是一类已灭绝的杂食性哺乳动物，学名为豨（旧称巨猪）。不过，它们的绰号有点名不副实。尽管它们有猪一样的外表和一些共同的特征，但从解剖学特征上来看，河马和鲸类才是它们的近亲。

　　在白河组的巨大地质沉积层中出土过一件巨猪化石，它们暴露在南达科他州和邻近州的大荒地中。这种古老的名为古巨猪（*Archaeotherium*）的野兽类似现代的牛，体长 2 米，肩部高耸，高约有 1.2 米，有点像发育过度的疣猪，是其生态系统中的顶级掠食者。古巨猪头颅巨大，有巨大突出的牙齿和有力的下颌，可以张得非常大，开合角度可达 109 度。以上身体特征中的一项便足以令人胆寒，对于体型迷你、宛若零食大小的哺乳动物而言尤是如此。

白河组的沉积层可以追溯至始新世晚期到渐新世早期，距今约 3000—3700 万年，因其丰富而特殊的哺乳动物化石而闻名。人们已经对那里各种各样的物种化石进行了描述，包括先兽（*Poebrotherium*）这种小型的、绵羊大小的无驼峰骆驼，它们看起来很像是迷你版的现代羊驼。先兽起源于北美洲，是最原始的物种之一。虽然其化石十分常见，但 1998 年，怀俄明州中东部的道格拉斯镇附近发现了一块特别的岩石，长 115 厘米，宽 110 厘米，其中包含了多具被咬碎的先兽骨架。

在这个 3300 万年前的杀戮化石点中，发现了一具完整的骨架和六具不完整的骨架，还有大量来自其他个体的零落的骨骼。它们全都堆积在一起，总共有 594 块骨骼暴露在外，约有多达 700 块骨骼被保存了下来。头骨、颈部和胸椎 / 腰椎上遍布咬痕。咬痕的直径和深度，咬痕之间的间距和宽度，都与古巨猪的牙齿完全吻合。它就是凶手。

其中 6 头先兽的尸体被咬成两半，它们身体的后半段（包括腰带、后腿和脚）都没有保存下来，这表明这些部分已经被吃掉了。咬痕的位置表明，古巨猪袭击并杀死先兽时是先咬住了它们的后脑勺和颈部，然后咬下其肉质肥美的后半身，并将前半身扔进食物储藏室以备之后食用。类似的咬痕在白河组动物群的其他哺乳动物骨骼上也很常见，包括古巨猪自己的头骨上。由此可以推测这类动物可能会为了争夺猎物而争斗，甚至因此死亡。

这种贮藏食物的方式在现代掠食者中很常见，被称为"集中贮藏"。这种贮藏方式的优势是，动物只需要记住自己藏匿食物的一个地点即可。与此同时，它们可能也需要看守自己藏匿的食物，随时准备保卫自己的财产。有时，即使食物储备充足，掠食者也会猎杀新的动物，这种行为被称为"过捕"。古巨猪在食物贮藏充足的情况下，可能也会猎杀新的先兽。还有一种可能性，就是这些食物是古巨猪父母为其幼崽准备的，甚至可能是一群地狱猪集体筹备的（尽管可能性微乎其微）。

这些堆积在一起的先兽骨骼保存得十分完好。考虑到它们曾被捕获、宰杀、部分身体被吃掉，我们有理由认为它们是在

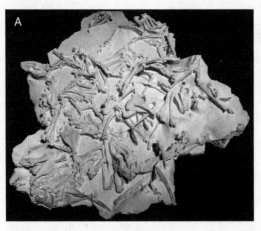

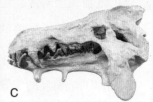

图片由怀俄明州恐龙中心提供，由利维·辛克尔拍摄

图 4.21

（A）先兽的贮藏室，里面有多具被咬碎的骨架；

（B）其中一个被咬坏的先兽头骨特写；

（C）来自怀俄明州的一个古巨猪头骨。

图 4.22　尸体收集者
一只令人生畏的地狱杀手古巨猪站在一堆腐烂的先兽尸块上，
正在囫囵吞下一个先兽后半身。

被放入贮藏室后很短的时间内就被迅速掩埋了。古巨猪最初可能会把自己的猎物掩盖起来，防止被其他掠食者发现。但这些先兽后来被沉积物埋得很深，后来的掠食者也无法发现或取出。这些装满被分尸的古骆驼尸体的贮藏室令人毛骨悚然，反映出的不止是简单的"谁吃了谁"的关系。

史前套娃：化石食物链的转折点

你见过俄罗斯套娃吗？这些传统的木制娃娃从中间一分为二，将最大的玩偶打开，里面是一个稍小的玩偶，猜猜接下来会看到什么？将外层的娃娃一层层打开，最后会剩下一个迷你的玩偶。当然了，这些套娃可不是掠食者与被掠食者的关系，不过用它们来比喻动物的食物链倒是十分生动有趣。把顶级掠食者虎鲸看作最外层的娃娃，虎鲸吃了海豹，海豹吃了乌贼，乌贼吃了鱼，鱼吃了以浮游植物为食的磷虾（食物链的起点，也就是最小的玩偶）。解释史前食物链必然艰难曲折，最终结果也存在不确定性，只能在少数不可思议的案例中发现惊人的证据。

2007 年，第一个多级化石食物链被发现，这是迄今为止发现的最古老的食物链。这件化石采集自德国西南部莱巴赫镇距今 2.95 亿年的二叠纪岩层中，包括一种淡水鲨鱼无柄三齿鲨（*Triodus sessilis*）的不完整骨架，它来自一种已灭绝的异刺鲨家族。由于鲨鱼是软骨动物，在它们的身体部位中通常只有牙齿可以保存为化石，而这个标本出现在一个矿化（菱铁矿）结核中。得益于这种矿化结核，这条异刺鲨的下颌、鳞片、其他骨骼以及牙齿都完好地保存了下来。令人惊讶的是，在这条体长大约 50 厘米的鲨鱼的肠道中发现了 2 种小型离片椎目两栖动物，德氏阿其哥螈（*Archegosaurus decheni*）和宽嘴纯地螈（*Glanochthon latirostre*）的幼体残骸。更出人意料的是，宽嘴纯地螈体内还保留了它的最后一餐，幼年布氏棘刺鲉（*Acanthodes bronni*）部分被消化了的骨头，这是一种形似带刺鲨鱼的鱼类。

这些动物生活在一个又深又大，有 80 公里长的古老湖泊中。这个湖名为亨伯格湖，各种各样的物种在那里繁衍生息。这种食肉的异刺鲨是亨伯格湖中的常见居民，与其他体型更大的异刺鲨及成年两栖动物相比，它们还是小鱼苗，难免会沦为这些大家伙的猎物。由于无力与这些顶级掠食者竞争，三齿鲨很可能会潜伏掠食，避开大型的成年动物，在湖中较浅的地方猎杀它们的幼崽。

这种两栖动物幼体在亨伯格湖中也十分常见。据推测，它们可能采用了类似的掠食策略，只不过在这些案例中，掠食者变成了猎物。根据这两种两栖动物的肠道位置可以判断，三齿鲨从猎物的背后发起了袭击，先吞下了猎物的尾巴。它们的保存状况良好，这表明三齿鲨一定是在进食后不久就死了。而纯地螈体内部分消化的鱼类碎片则表明，棘刺鲉是在纯地螈被抓住之前就被吃掉了。目前尚未发现有现代鲨鱼会以两栖动物为食，这更凸显了这种古鲨鱼的行为极不寻常。

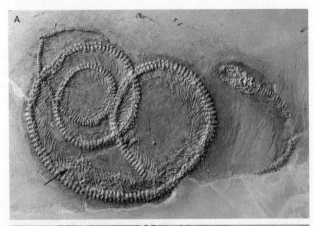

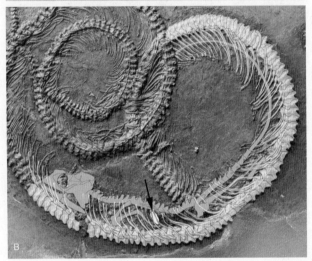

图片（A）由 SGN 提供，斯文·特伦克纳（Sven Tränkner）拍摄；图片（B）由克里斯特·史密斯（Krister Smith）、阿尼卡·沃格尔（Anika Vogel）和朱利安·埃伯哈特（Juliane Eberhardt）提供

图 4.23

（A）"化石套娃"，一条蛇费氏始蟒（*Eoconstrictor fischeri*）体内有一只完整的双冠蜥蜴马吕斯盖瑟尔塔尔蜥（*Geiseltaliellus maarius*），这是它的晚餐，毒蜥体内还有身份不明的甲虫碎片（箭头指向蜥蜴的头部）；（B）在化石图片上叠加示意图表明蜥蜴和甲虫的位置与轮廓（箭头指向甲虫）。

214

图 4.24　猎人与猎物
一只正准备扑向自己的猎物——甲虫，
这时一条蟒蛇从后面慢慢逼近，准备发起攻击。

2009 年，人们在德国中西部举世闻名的梅塞尔坑采石场采集到了一个类似的脊椎动物化石食物链。这也是目前为止被确认的第二条食物链。与刚才描述的水生动物的相互关系不同，这块 4800 万年前的梅塞尔坑进食化石留下了陆地环境中掠食者—被掠食者关系的直接证据。这件壮观的化石中包括一条完整的盘踞着的费氏始蟒（*Eoconstrictor fischeri*），这是一种与现代蟒蛇存在亲缘关系的原始大蟒。在这条蟒蛇体内有一只树栖双冠蜥蜴马吕斯盖瑟尔塔尔蜥（*Geiseltaliellus maarius*）的骨架，而在这只毒蜥的腹部又发现了它生前最后吞下的昆虫。

蜥蜴是当今大多数年幼蟒蛇喜欢的食物，尤其是树栖蟒蛇。这条始蟒是一条幼蟒，体长 1 米，约为梅塞尔坑已知成年标本的一半。幼蟒的体型要比自己的蜥蜴猎物大上 5 倍。蜥蜴的躯干直径可能是 17 毫米，它的头部先被吞下，在蟒蛇的胃中，距蛇嘴 53 厘米。蜥蜴的脊柱在靠近腰带的地方有一个明显的扭结，可能是蟒蛇对它造成的伤害。蜥蜴吃掉的昆虫是一种甲虫，尽管保存状况不佳，还是可以看出它原始的（结构）颜色，闪烁着蓝绿色的光芒（这是梅塞尔坑中出土昆虫的著名特征）。蜥蜴一定是在吃掉这只甲虫后不久，便成为蟒蛇的腹中餐。与二叠纪的化石类似，这只蜥蜴的保存状况极好，没有被胃酸腐蚀的迹象。与现生蛇类的消化速度相比，这表明始蟒至少是在其吃完最后一餐后的 48 小时内死亡的。

这条蛇最终是如何落入湖中是另一个问题。它是从湖里游过去的？还是从树上掉下来的（可能是在吃了蜥蜴之后）？还是这条蟒蛇又成为一只鸟的猎物，在被抓走时不小心被鸟儿扔进了湖里？我们永远无从得知这条蟒蛇的死亡真相。但是就像所有的梅塞尔坑化石一样，它一定是掉进了湖里极深的地方，进入了底层致命的有毒水域，然后才慢慢被沉积物覆盖，变成了化石。

找到一件层层套娃的生物掠食关系化石尤为难得。在这些三层食物链套娃中，从它们开始了"一物克一物"的掠食关系，直至死亡并葬入地层，时机和封藏主宰了一切。现在，有确凿的证据证明二叠纪的小型鲨鱼吃掉了两个两栖动物幼体，其中一个两栖动物还吃掉了一条幼鱼。另外还有一条始新世的蛇吃掉了一只吞食了昆虫的蜥蜴。这些惊人的化石有助于我们更加深刻、直观而透彻地了解数百万年前的远古动物食物链。

第 5 章　离奇事件

　　你知道吗，有些寄生甲壳动物会取代鱼类宿主的舌头。是的，你没看错，这确实让人感到难以置信。这些迷你的等足目甲壳动物，即缩头鱼虱类（*cymothoids*）存在许多现生物种，在幼年阶段便会偷偷地进入一些鱼类（如啮鱼和小丑鱼）的鳃中。成年后，雄性依附在鱼类的鳃中，雌性则居住在其口腔内。一旦找好位置，雌虫就会切断鱼舌的血液供应，把自己牢牢地固定在剩下的舌头上，占据鱼舌的位置，替代鱼舌的功能。尽管被夺走了舌头，被寄生的鱼类仍能正常生活。缩头鱼虱和自己的鱼类宿主一起生长，和睦相处，甚至（在口腔中交配后）组建家庭。倘若觉得这还不够离奇，不如再看看蟾蜍绿蝇。它们有一个完美的产卵地点，那就是蟾蜍的鼻腔。孵化后，幼虫会在蟾蜍身上大快朵颐，最终杀死蟾蜍。

　　这些离奇的寄生行为是错综复杂的自然界的缩影。寄生虫形成的原因和影响存在较大差异，有些给宿主带来的伤害微乎其微，有些会导致宿主病入膏肓甚至死亡。由此可知，寄生虫是以某种方式以宿主为食的生物，或直接蚕食宿主，或抢夺宿主的食物，因此我没有把寄生虫的内容归入上一章。

人们很容易想当然地以为"寄生虫"、"重病"或"微恙"这些字眼只与人类有关，但是动物和植物也会感染寄生虫。与其他章节不同，本章并非只专注于自然世界特定类型的行为或某个方面，而是涵盖了各种各样的离奇事件（健康只是一部分）。它们常常被人们忽略，包括动物生活中那些常见或罕见的事件，其中既包括休息、睡觉、饮水、小便、骨折、迷路和遇险等日常种种，也有遭受海啸等极端自然现象的特殊情况。

说实话，"离奇事件"这个标题有点名不副实，并非所有案例在现代环境中都能称得上"离奇"（例如，生病、骨折或打盹）。但它们造就了一些离奇的化石，讲述的故事与刻板印象中所设想的史前世界恰恰相反，就像是在前几章中描述的动物行为一样。通常情况下，我们描述的这些动物正值壮年，身体状况极佳，当然，那些被咬碎、被撕裂、被吞食的动物除外。

恐龙和它们的史前同伴就像今天的动物一样，偶尔也会生病、骨折，也需要打盹，也会遭遇致命的意外（比如掉进洞里或陷入泥中）。无须凭空想象，化石记录中证据皆有迹可循。有小规模事件，例如，部分寄生甲壳动物的化石保存在鱼类体内，由此可以推断出这两类动物之间存在类似于现代物种的寄生虫宿主关系。也有大规模事件，如疑似恐龙家族被困在流沙中，以及动物被火山灰掩埋、集体死亡。如果不是因为这些特殊案例记录下了明显的社会与群体行为，这两个集体案例就会被列入本章而不是第 2 章。

古病理学专门研究远古时期的病痛与骨折，这是一门研究史前疾病和伤害的科学。在研究骨骼化石时，脊椎动物古生物学家经常会遇到大量的骨折化石证据，可能是脚趾骨折、肋骨破裂或脊椎变形。这样的诊断可能有助于揭示疾病或伤害如何影响到了个体的生活：损害程度轻微还是严重，副作用持续时间长还是短。有时骨折伤处显示出了愈合的迹象，这表明动物在创伤中幸存了下来。另一些则没有康复的迹象，意味着动物可能死于致命的跌落或掠食者的袭击。

本章所提及的化石广泛多样，揭示了出人意料的行为和情况，与前文描述的故事全然不同。所以，让我们坐下来一起欣赏这些离奇的化石吧。

暴龙寄生虫

成年君王暴龙是有史以来最大的陆地食肉性动物之一，它们体长超过 12 米，体重超过 8 吨，几乎相当于两头非洲大象的重量。它们没有天敌，能打败它的也许只有同类。毫无疑问，君王暴龙是恐龙界的大明星。对于大多数人来说，它们是食物链顶端的终极掠食者。然而，尽管君王暴龙强大无比，它和它的一些近亲却在寄生虫，这个最不可思议、最微小的"掠食者"身上栽了跟头。

提及化石，特别是君王暴龙这种顶尖杀手的化石，可能不会让我们联想到寄生虫。但实际上，寄生虫已经困扰了动物们数百万年。寄生虫生活在宿主体内（内寄生）或体表（外寄生），把寄主当作食物和生存居所，在生长的同时汲取宿主的能量，最终可能导致宿主死亡。

1990 年，化石收藏家苏·亨德里克森（Sue Hendrickson）在南达科他州的荒地中寻找化石时，偶然发现了一件令人惊叹的化石。那就是世界上现存最完整，也可以说是最著名的君王暴龙。虽然不知道这个标本是雄性还是雌性，但它以发现者的名字而命名为苏（SUE，根据君王暴龙的推特账户来看，它名字的所有字母必须大写）。这件化石一直是人们深入研究的对象，其中最令人兴奋的一项发现正与这个巨大的食肉性动物的死亡有关。

苏的下颌有一系列异常的、边缘光滑的侵蚀"洞"，这让古生物学家们困惑了很多年。此前，专家鉴定其为咬痕或疑似细菌性骨感染的症状。但事实上，以上两种推测都不对，这些特征并不是苏所独有的。研究人员在研究苏化石的同时，还检查了其他君王暴龙和其他暴龙家族成员，如惧龙（*Daspletosaurus*）和阿尔伯塔龙（*Albertosaurus*）的标本，在它们颌骨的同一区域发现了类似的损伤。

这与在现生鸟类（通常是鸽、鸠和鸡，也包括猛禽）的下颌处发现的病变，有着惊人的相似之处。后者是由一种叫作毛滴虫病的常见寄生性传染病造成的。这种寄生虫会吃掉大块的颌骨，这种极其恶劣的情况会导致口腔、喉咙和食道周围损伤严重、疼痛不断，使得诸如吃喝这样的简单行为变得十分折磨甚至无法正常进行。针对苏的研究表明，感染也可能导致一些牙齿发育异常，进而导致颌骨异常疼痛。

这一发现意味着，人类首次在非鸟类的兽脚类恐龙身上发现了禽类（鸟类）传染病。考虑到病变存在着相似之处，暴龙及其近亲所感染的类似毛滴虫的疾病表明，这些恐龙很容易遭受类似或相同的可怕的疾病并发症的困扰，并产生类似的免疫反应。暴龙传染病的元凶，有可能就是导致现生鸟类患上毛滴虫病的那种寄生虫。动物一旦感染上这种疾病，进食就会变得困难重重。强大的暴龙极有可能遭受了与现生鸟类相同的病，暴瘦，最终饿死。

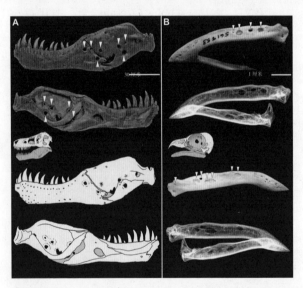

本组图片由伊万·沃尔夫（Ewan Wolff）提供。（A）由约翰·温斯坦（John Weinstein）拍摄，菲尔德博物馆版权所有。图片来自 E. D. S. 沃尔夫（Wolff, E. D. S）等《常见的禽类传染病困扰着暴龙》（《公共科学图书馆 – 综合》，2009 年第 4 期），有修改

图 5.1
（A）暴龙苏左下颌的图片和插图，显示多处毛滴虫病类型的圆形病变，由箭头标识；（B）现生鸟类（鹟）下颌的图片和 X 光片，显示由毛滴虫病寄生引起的惊人的类似的圆形病变（由箭头标识）。

图 5.2　暴龙毛滴虫病
世界上现存最完整的暴龙标本苏已经破损不堪，
它生前被一种类似于毛滴虫病的致命疾病严重感染了。

这种疾病可能是地方性的。尽管它可以通过多种方式传播，比如食用被感染的猎物，但脸部被咬到似乎是该病传播的主要原因。化石证据表明，咬破面部是暴龙的一种常见行为，与竞争、抢夺领地和求爱有关。可以从中看到它们与"塔斯马尼亚恶魔"的相似之处。这些野生小动物因为患上了被称为魔鬼面部肿瘤病的传染性口腔癌，而面临灭绝的危险。因面部被咬伤而感染上这种疾病的动物个体，通常会在六个月内死亡。

感染这样致命的疾病会严重限制动物在日常生活中的行动。随着时间推移，这种寄生虫会杀死强大的宿主。这些暴龙在一生中是无数动物的噩梦，而它们自己也被一种掠食者折磨。但这种掠食者是如此渺小，暴龙甚至无法看到自己的天敌。这听起来像极了一个怪诞的童话故事。

搁浅：史诗般的远古墓地

海洋哺乳动物搁浅是常见现象，在全球范围内都有发生。这种奇特的行为极其惨烈，可能一次涉及数百个个体。对于为什么它们会以活着、受伤或是死亡状态搁浅，没有统一的解释。除了军事声呐和化学污染等人为原因外，在许多情况下，这些搁浅是由自然原因造成的，如严重的导航错误、疾病、极端天气和致命的有毒水域。史前海洋哺乳动物也会搁浅，在智利的阿塔卡马沙漠，古生物学家们无意中有了一个极为惊人的发现。

2010 年，建筑工人在智利北部靠近卡尔德拉港附近扩建泛美公路沿线道路时，发现了一个大型化石点（该公路是从阿拉斯加延伸到阿根廷的系列道路的一部分）。一些骨骼化石表明塞罗巴莱纳化石点的意义重大，它被临时开辟为一个 20×250米的采石场。一位来自华盛顿特区史密森尼国家自然历史博物馆的海洋哺乳动物专家尼克·派森（Nick Pyenson）获批两周时间，带领了一个南北美古生物学家小组，尽可能迅速而仔细地检查、挖掘和研究了这些遗骸。在很大程度上，这是一次拯救行动。

他们在此处发现了大量的化石，包括 40 多件完整或有缺失的海洋哺乳动物骨骼、水獭、长嘴鱼以及单独的鲨鱼牙齿。这些化石来自阿塔卡马沙漠著名的巴伊亚英格莱萨地层，是距今600 万至 900 万年中新世晚期的海洋沉积物。

采石场遗址仅仅触及了地下表层。不幸的是，该遗址的大部分已经不复存在，已经被铺平位于新的道路之下。在这样一个相对较小的区域内便发现了如此丰富的化石样本，说明这个原始的采石场只是一个大化石点的冰山一角。根据地质地图显示，整个化石点的范围大约为 2 平方公里。因此，那里极有可能还埋葬了数百具骨骼。

鲸鱼山的海洋哺乳动物极其丰富，令人叹为观止。数量最多的是大须鲸（长须鲸），它与现生的蓝鲸属于同一大类。经鉴定，这里至少有 31 个处于不同年龄段的个体。幼年和成年鲸类（长达 11 米）都有，它们可能都属于同一物种。对于这些化石的研究仍在进行，该物种尚未被确定。还有至少两类已灭绝的海豹、一种抹香鲸，以及一种形似海象的长有象牙的鲸类（被称为海牛鲸）。此处发现的鲸目动物骨骼完整、关节衔接。值得注意的是，许多须鲸在被发现时面朝同一个方向，大多是腹部朝上的姿势。它们的数量众多、尸身完整、保存完好，这些证据都强烈表明它们被冲上岸时不是濒死就是已死，与现代的搁浅事件如出一辙。搁浅时尚未死亡的个体通常因为具备喷气孔而保持直立姿态。

很明显，这种史前长须鲸和许多现代鲸类一样都是群居动物。但是，尽管现代齿鲸集体搁浅的情况很常见，我们却很少见到现代须鲸集体搁浅。从 1987 年 11 月至 1988 年 1 月，为期5 周的时间里，共有 14 头座头鲸在马萨诸塞州科德角的海岸线上搁浅。这些个体的性别和年龄不同（包括一只幼鲸），没有观察到受伤迹象。然而，它们胃里的最后一餐（大西洋中的鳕鱼）被检测出含有高浓度的藻类毒素，直接导致了死亡。直接观察表明，它们很快便在海里死去了。

这些海洋哺乳动物化石，来自人们在 8 米长的地层剖面中发现的 4 个不同的含骨层。每件化石都记录下了数千年前的一次集体搁浅事件。每一层中被保存下来的哺乳动物距离都很近，有些甚至有直接接触，表明这些个体都在海上因为相同的原因突然死亡。在猛烈的风暴或朔望潮中，它们的尸体被抛到潮汐泥滩上并被掩埋。有害藻华（HAB，有时被称为"赤潮"）是大多数现代搁浅事件的罪魁祸首，也是如今这种反复出现的多个个体和不同物种集体赴死的唯一解释。埋葬化石骨骼的岩层

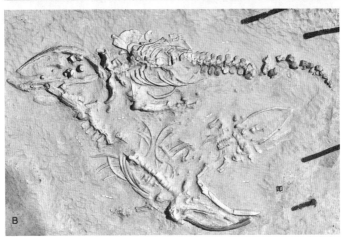

图片（A）由来自史密森学会（Smithsonian Institution）的亚当·梅塔洛（Adam Metallo）拍摄；图片（B）来自 N.D. 佩尔森（Pyenson, N. D.）等《智利阿塔卡马地区中新世海洋哺乳动物的多次搁浅表明它们在海上突然死亡》(《英国皇家学会学报 B》，2014 年），有修改

图 5.3

（A）古生物学家在泛美公路附近的塞罗巴莱纳集体墓葬群中发掘出了几具须鲸骨架；（B）正在挖掘的三具骨骼的近景图片，其中有重叠的成体和幼体标本。

图 5.4　藻华凶案

有害藻华（致命有毒藻类）引起大量须鲸、几只抹香鲸、海豹和多种鱼类搁浅。

中也保存下了古代藻类的证据。

当某些藻类生长到不可控的巨大尺寸时，就会产生强大的致命毒素，引起藻华。生态系统会受到极大的影响，导致动物无法生存。毒素会导致海洋哺乳动物器官衰竭，最终致其死亡。整个族群都有可能死于非命（这种情况也的确发生了）。例如，藻华和厄尔尼诺现象是须鲸大规模死亡的主要原因（2015 年在智利南部发生的一起惊人案例，343 只须鲸搁浅，其中大多数是塞鲸）。

人们在塞罗巴莱纳发现了大量保存异常完好的相关骨骼，使这里成为世界上海洋哺乳动物化石最丰富的化石点之一。根据化石证据以及它们与其现代类似物的比较，可以得知这片墓地记载了四次由藻华导致的集体死亡事件。据推测，史前物种因摄入受污染的猎物和 / 或有毒藻类导致中毒，使它们迅速衰弱。濒死或已经死亡的动物随后漂到海岸线，在那里沉积、被埋葬。这一发现证明史前海洋哺乳动物容易出现集体搁浅事件，以及这种须鲸具有社会性。不幸的是，就像今天一样，它们强大而紧密的社会联系很可能恰恰导致了它们灭亡，因为它们不仅一起生活和旅行，而且还同时摄入了致命的有毒藻类，纷纷丧命。

沉睡的恐龙

充足的睡眠和休息对大脑和身体正常运作、恢复活力、变得更强壮至关重要。有些动物一天中的大部分时间都在睡觉，有些则定期休息，某些鸟类和海洋哺乳动物会在一半大脑清醒时，关闭另一半大脑。鸟类甚至会在飞行中休息或睡觉。动物的休憩行为差别巨大，这种复杂性使得科研人员难以研究并了解睡眠行为。这就是为什么这个小型类鸟恐龙化石如此令人叹为观止。它以许多现生鸟类典型的睡眠或休息姿势被保存了下来。这是一位真正的睡美人。

寐龙（*Mei long*）在中文中的意思是"酣睡的龙"。它是一种体长 53 厘米、和鸡体型相近的食肉性兽脚类恐龙，在 2004 年首次出土。寐龙属于伤齿龙科，类鸟，是伶盗龙等恐龙的近亲。这具近乎完整的寐龙骨架来自中国辽宁省西部的陆家屯，发现于 1.25 亿年前的白垩世早期岩层。

这只寐龙的姿势栩栩如生，身体蜷缩着，尾巴包裹着身体和脖子。它的身体靠在弯曲起来的长腿上，前臂像鸟翅膀一样在身体两侧收起，小小的头位于左侧，老老实实地蜷缩在左前臂（肘部）和身体之间。这和现生鸟类特有的睡眠或休息姿势如出一辙。对于鸟类而言，这种头部蜷缩的姿势有助于保暖，寐龙很可能也是出于这种需求。这意味着蜷缩保暖的行为最初是在非鸟恐龙中演化而来的。化石中只保存下了骨骼，由这些骨骼可以判断出这只寐龙年轻且已成年。解剖学结构特征及与其他恐龙的对比，又证实了它可能长有羽毛。

这项发现在恐龙研究领域是世界首例。然而，这件化石并非独一无二。第二只保存完好、尸身完整的寐龙已被发现，它躺着的姿态与第一只基本相同，只是把头埋在了右边。此外至少还有两个可能代表该物种的其他标本，但它们尚未被正式鉴定和研究。在其他的类鸟恐龙中也发现了类似姿势，这表明这种姿势不是巧合，可能是这些动物常见的睡眠和／或休息姿势。

一些鸟类会进入快速眼动睡眠，人类也有这个睡眠阶段，在这个阶段我们常常多梦。我们无法确认鸟类是否会做梦，不过有研究推断它们会做梦。一项研究发现斑马雀会在睡梦中唱歌，借此提高歌唱水平。尽管这个猜想十分打动人心，但如果是这样的话，我们是否可以推测，这些类鸟恐龙在悄然灭绝时还沉浸在香甜的梦乡之中？

我们永远无从得知寐龙真的是在睡觉或只是在休息，更别提有没有做梦了。无论它们是在睡觉还是休息，还有一个问题你应该会感兴趣：它们是如何保持着这样的状态被保存至今的呢？对寐龙的出土地点（陆家屯）的初步研究表明，在一次大规模死亡事件中，它与生活在同一环境中的恐龙和其他动物一起，被滚烫的、飘浮在空气中的火山碎片和火山灰杀死并掩埋。这个遗址有一个形象的名字："中国庞贝城"。然而，最近有发现表明，在这些密集且保存完好的三维骨骼背后实际上隐藏着众多事件，并非一起集体死亡事件这么简单。人们认为当时暴发了多次的洪水，洪水中混入了大量由火山沉降或火山泥流所产生的火山碎屑，进而形成了火山碎屑流，最终使动物窒息而亡并迅速将其掩埋。它们也可能早已因吸入有毒的火山气体而窒息，也有可能是在睡觉或在地上休息时被活埋了。鉴于一些标本没有受到干扰，比如寐龙被发现时的原始姿态栩栩如生，有人认为，这些动物可能是被迅速掩埋在了一个倒塌的地下洞穴（或类似的地方）中，不过这个地下洞穴没有被保存下来。这个说法虽然有道理，但没有任何直接证据，依然只是推测。

　　找到一只正在睡觉或休息的恐龙，这个想法即使不是全无可能也稍显离谱，因此这种发现多个案例的情况实属罕见。可以假设，恐龙和如今的动物一样（包括一些历史悠久的现生动物），会有规律地睡觉或休息，这是它们日常生活的一部分。这

图片由美国自然历史博物馆米克·艾利森（Mick Ellison）提供

图 5.5

首例"沉睡的恐龙"寐龙的骨架，以典型的鸟类睡眠或休息姿势被保存。

图 5.6　巨龙的薄毯

灰烬开始像雪花一样飘落在蜷缩酣睡着的痳龙身边。

两个标本的睡姿与鸟类的睡姿极为相似，这表明鸟类与其远古亲戚之间存在着另一种行为联系。这些特殊的"沉睡的恐龙"不仅看起来像鸟，而且有证据表明它们也像鸟一样睡觉和 / 或休息，只待数百万年后被古生物学家唤醒。

咔嚓！可怜的侏罗纪鳄鱼

脊椎动物常常遭遇骨折。这种伤痛可能极其折磨，患者不得不长时间休息。具体病情视骨折的类型和程度而定，严重的可能会使它们丧失行动能力，造成意外死亡的风险上升。不过只要时间充足，骨骼拥有强大的自我愈合能力，受伤的动物个体也会逐渐恢复。

成年人的体内有 206 块骨骼，平均每个人在一生中至少会折断一块骨头。雄性哺乳动物，如猫、狗、熊、蝙蝠、啮齿动物和海豹，在阴茎上都有一块骨头，名为"阴茎骨"。（雌性相对应的骨头是阴蒂骨）这块骨头在交配过程中偶尔会折断。它可以愈合，尽管有时断口处是弯曲的。人们甚至还发现了断裂的阴茎骨化石。考虑到大量的化石中都出现了某种形式的骨骼损伤，它们反映出了一些生活事件，想从中选出一个典型的例子实在是太难了。然而，人们在德国著名的霍尔茨明登县化石点附近的多滕豪森镇的侏罗纪采石场，收集到了一块惊人的畸形化石"鳄鱼"。

这是一件近乎完整的正型洋蜥鳄（*Pelagosaurus typus*）化

石，属于一个已灭绝的鳄鱼近亲群体海鳄类（thalattosuchians），通常被称作"海洋鳄鱼"。大多数正型洋蜥鳄有一个十分细长的嘴巴，从外表上看类似于如今栖息在印度和尼泊尔河流中的食鱼鳄（又称印度鳄）。体长仅有几米的正型洋蜥鳄是一个矮小的物种，大部分时间都待在温暖的浅水区，大概会在产卵和休息时上岸。

任谁看这具骨架，目光都会立即被保存完好的头骨吸引，那里显然有地方违和感十分强烈。目光顺着精致而有齿的长嘴移动，会发现下颌处突然出现了骨折，与头骨几乎呈 90 度角。此处并非死后骨折，也不是在挖掘过程中造成的损坏。相反，在骨折的底部出现了大量骨痂形式的新骨，表明这只鳄鱼遭遇过一次重大的创伤后幸存了下来。这也证明在鳄鱼受伤后，断裂的骨头周围立即形成了血块（血肿）进行自我保护并开始愈合。骨折渐渐愈合，下颌受损的部分会形成一个软痂、愈合，最终硬化为一个坚实的骨块。

不幸的是，由于下颌断裂的两半在形成老茧时没有对齐，骨头愈合位置异常，这种情况被称为骨折畸形愈合。畸形愈合给鳄鱼的日常生活造成了很大的障碍，无论是游泳、狩猎还是行走，它都必须保持一种固定姿势。由于施加在下巴上的阻力太大，鳄鱼游泳时十分不便，也许会很痛苦。同样地，它在陆地上的生活也会很麻烦，需要一直把它的头从地面上或侧面抱起来，以防下巴被钩住。

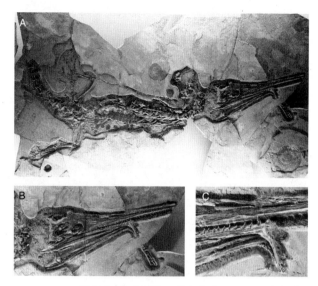

图片（A）由斯文·萨克斯（Sven Sachs）提供；
图片（B）和（C）由作者提供

图 5.7

（A）颌部断裂的正型洋蜥鳄骨架；
（B）头骨的特写，近乎 90 度的断颌清晰可见；（C）大块骨痂的近景图片。

图片由印度阿里格纳安娜动物公园（Arignar Anna Zoological Park）提供，
赛鲁·帕拉尼纳坦（Sailu Palaninathan）拍摄

图 5.8 上颌大部分缺失的现生鳄鱼

图 5.9 逆来顺受

一只面目全非的咸水鳄高昂着脑袋穿过海滩，防止将笨拙的骨折的下巴卡在地上。

鳄鱼是非常顽强的动物，即使遭遇重伤也能存活下来。现代物种打架往往十分暴力，甚至以死亡告终。它们会用粉碎性的力量撕咬，死死地卷住对手，把头部当作强力的打击武器，这些手段都会导致严重的骨裂损伤、颌骨断裂甚至完全撕裂。然而，有些动物即使失去了部分上颌或下颌，也能继续过正常的生活。在一个案例中，已故的澳大利亚野生动物专家兼电视节目主持人史蒂夫·欧文（Steve Irwin）发表了一篇简短的科学论文，描述了自己捕获的一条咸水鳄（绰号"诺比"）。它的下颌有很大一部分缺失，部分舌头也被截去。这条鳄鱼和当地人至少有 18 年的交情了，很显然，它是靠着附近的一个养牛场的垃圾堆中的动物腐尸生存。经过检查，这只鳄鱼被放回了野外。人们观察到了下颌被切断的食鱼鳄，甚至也发现了出现类似断颌的鲸类。看起来最大的可能性是这只正型洋蜥鳄的骨折是另一个同类造成的。

尽管伤痕累累，但它身上的骨痂可以证实这只鳄鱼至少在下颌凹陷的情况下生存了一段时间，也许是几周、几个月或更长时间。这种不利的姿势会严重限制其进食能力，尤其是人们推测正型洋蜥鳄会像食鱼鳄一样捕猎。它们会缓慢地跟踪自己的猎物，然后用头迅速击打猎物，捕捉鱼类等快速移动的食物。

骨折使得这只鳄鱼不得不坐以待毙。在同一生态系统中存在着各种大型的海洋爬行动物，如鱼龙（有些巨兽体长达 12 米）、蛇颈龙和其他海洋鳄鱼，它居然没有沦为它们的猎物。与掠食者之间的竞争、对掠食者的躲避，再加上骨折带来的伤痛，这些都可能导致了鳄鱼最终被饿死。给这条 1.8 亿年前的海洋鳄鱼判了死刑的竟然是骨折愈合，这与大家的直觉相悖。如果断裂的颌骨能够脱落，它可能会存活更长时间。

干旱惨案？

大规模化石群为我们了解古代群落提供了诸多视角。了解这些群落固然十分重要，但弄清化石群形成的方式和原因也同样重要。它们是灾难性事件的受害者吗？是在火山爆发时同时遇难了吗？抑或原因没这么复杂，这些尸体只是分别被冲上了岸，随着时间推移被埋到了一起？检查含有化石的岩层有助于揭示化石产生的原因，但难以确定当时到底发生了什么，也难以对它们的保存状况给出合理的解释。

美国古生物学家阿尔弗雷德·舍伍德·罗默（Alfred Sherwood Romer）是一位传奇人物，他为脊椎动物演化研究做出了巨大贡献。1939 年，他描述了一个壮观的两栖动物化石堆。它们当时被归为完美布特耐螈（*Buettneria perfecta*），后来又改为完美可辛顿螈（*Koskinonodon perfectum*），如今它们又有了新的名字，布氏无裂螈（*Anaschisma browni*，为生物命名有时是项复杂的工作）。无裂螈体长 3 米，看起来像超大号的蝾螈，有一个巨大而扁平的脑袋。它们属于一个已灭绝的家族，蒙托龙。这个家族在三叠纪晚期的古代湖泊和河流中扮演着类似鳄鱼的掠食者角色。

罗伯特·维特（Robert V. Witter）和妻子在 1936 年发现了无裂螈化石堆。当时他们正在新墨西哥州圣菲县拉米以南，为哈佛大学比较动物学博物馆进行化石考察，探索 2.3 亿年前的三叠纪岩层。最初，维特夫妇发现了从一个小山坡上滚下的骨骼碎片，由此探察到了一个广阔密集的骨床，里面塞满了两栖动物，上面覆盖着一大片砂岩。两年后，人们持镐头、铁锹和几根炸药棒轮番上阵，在发掘后发现，骨骼层沿着暴露出来的地方延伸了 15 米（甚至更多），但厚度只有 10 厘米。

这里可能保存了 100 多个成年个体，其中至少包括 60 个完好的头骨（大约 60 厘米长），还有部分骨架，全都堆积在一起，层层叠叠，乱作一团。罗默认为，若非侵蚀作用，保存下来的骨床将会更大。他还提出，可能有数百只甚至数千只这样的大型两栖动物埋在一处。在此次发现之前，北美很少有人发现过这些两栖动物化石，这里因此一举成为了古生物学界著名的拉米两栖动物采石场。

罗默提出，这些两栖动物的埋骨地是一个池塘，这个池塘因一次大旱干涸，这些动物无奈之下聚集到了仅存的水洼中。在这种拥挤的环境中，剩下的少数幸存者在尸体之间挣扎，死因是饥饿或是池塘完全干涸。

这种"干旱导致池塘面积缩减"的观点描绘出了一幅相当生动的画面。这似乎很合理，但缺乏真实的证据。20 世纪 80 年代至 90 年代，有人对这种经典的解释提出了质疑。2007 年（在 1947 年最后一次挖掘的 60 年后），新墨西哥自然历史博物馆的成员进行了一次发掘。这次他们获得了新的数据，进一步挑战了罗默的假设。这些研究中并未发现该化石点存在干旱或池塘沉积的证据，集体死亡的原因未知。干旱可能是这些动物聚集（和死亡）的原因，但人们不认为这也是他们最终被埋葬和保存下来的原因。不管怎么说，这个骨床确实记录下了一个灾难性的集体死亡事件。这些两栖动物骨架的关节脱离原位，七零八落，这表明这些尸体在被快速移动之前已经完全（或大部分）腐烂，而后沉积下来，最终被埋葬在了附近的土壤形成的洪泛区中。

我们没有办法确定这个巨大的两栖动物群，集体死亡之前有过什么形式的群居行为。不过，许多现生两栖动物都是集体产卵，并在成员庞大的公共群体中交配。人们在拉米地区只发现了动物成体，此地似乎是一个繁殖地。拉米地区并非个例。人们还在其他地区发现了几个三叠世晚期的蒙托龙化石群，包括美国西部（如得克萨斯州的腐烂山骨床，其中有许多无裂螈）、摩洛哥、波兰和葡萄牙。同样，每个化石点中只发现了成年两栖动物。

摩洛哥的化石点位于阿尔戈纳。与其他化石点不同的是，骨床中出现了 70 个体型较大的完整个体，关节几乎完整衔接，属于瓦氏杜士意托龙（*Dutuitosaurus ouazzoui*）这个物种。讽刺的是，正如罗默针对拉米地区提出的假设，这个集体死亡事件很可能是由气候干旱导致的池塘干涸引起的。这一点也可以通过对已发现化石的采石场周围的古代泥层裂缝的鉴定进一步证明。处于干旱条件下，干涸的水体之中出现泥层裂缝也是意料之中。在这种情况下，所有体型较大的成体都位于沉积物的中心（在干燥池塘的最深处或仅仅剩的部分），被较小的个体所包围（这些小型个体被挤压在一旁）。

有的骨床中主要含有单一物种，十分有趣，因为它们指向了某种形式的群居行为。这些罕见的两栖动物群表明蒙托龙是群居性动物（至少在某些时候群居），它们会大规模聚集，也因此常常发生集体死亡事件。无论集体死亡的原因为何，这个种群无一生还。它们一同被埋葬，随后又以相同的方式保存至今，形成了一些离奇夺目的化石。

图片由史宾塞·卢卡斯（Spencer Lucas）提供

图 5.10

著名的拉米两栖动物采石场标本的部分图像，
其中包含大量的大型两栖动物头骨及骨骼布氏无裂螈（*Anaschisma browni*）。

图 5.11 干旱的牺牲品

无数的瓦氏杜土意托龙挤在一个干涸的池塘里，层层叠叠，

试图在仅存的泥水里保持身体湿润。其中一些已经在干涸的环境中死亡。

由内而外的蚕食

早在侏罗纪时期，黄蜂便开始飞来飞去为植物传粉，可能还骚扰过原始的哺乳动物祖先。现在有些人只要听到"黄蜂"这个词便会因害怕被蜇而大惊失色。事实上，有超过 10 万种现存黄蜂不会蜇人，它们是勤勤恳恳的传粉者，是害虫的克星。

有一个种类繁多的拟寄生蜂，它们已经演化出了一种特殊的、令人毛骨悚然的行为，相比之下，叮咬看起来也没那么痛苦可怕。它们会为自己的幼虫找到合适的节肢动物宿主，并将卵产在受害者体表或体内。这些宿主可能处于任何发育阶段（从虫卵到成虫都可能遭此厄运），寿命较长，以便发育中的拟寄生蜂幼虫在此长期寄生，从内到外吞噬宿主，最终杀死宿主，从宿主体内羽化而出。有这样一个奇特的案例，某些物种的幼虫如同驱赶僵尸一般控制了蜘蛛宿主的大脑，强迫它织出一张不寻常的网，充当一个保护"茧"，以便自己安然过渡到成虫阶段。然后年幼的黄蜂会吃掉蜘蛛。

此类拟寄生虫行为的证据已经在一些非常罕见的化石中被发现，主要是琥珀。其中一项最令人印象深刻的发现，来自法国中南部克尔西地区的一个磷矿。19 世纪末至 20 世纪初，人们在这里发现了大量始新世的三维苍蝇蛹化石，保持着茧状状态，年龄在 3400 万年至 4000 万年之间。

这些迷你化石的长度只有 3 或 4 毫米，类似米粒大小。它们在 20 世纪 40 年代被正式描述，人们认为其中一个可能是拟寄生蜂的宿主，但尚未对它们展开研究。2018 年，在这件化石被发现 100 多年后，古生物学家决定借助高科技设备重新检查苍蝇蛹。高科技设备可以帮助化石"起死回生"。

研究人员用强大的同步辐射 X 射线成像技术观察 1510 个化石蛹的内部，其中许多蛹仍然保留着硬化的皮肤。这种扫描过程对化石并无损害，并可以将其中内容在三维空间中完全可视化。这听起来像是个工作量巨大的任务，但由于这些蛹的体积很小，扫描它们只花了四天时间。令人惊讶的是，人们在 55 个化石苍蝇蛹中都发现了拟寄生蜂，其中 52 只蜂确认为成虫。

许多黄蜂都保存得非常好，它们身上甚至还能看到细小的毛发（刚毛）。在一些案例中，黄蜂已经完全发育，甚至呈现出展开的翅膀，这表明它们已经孵化为成年形式，并准备离开宿主身体，也许所有拟寄生蜂会同时破茧而出。雄性和雌性都可以被识别出来。一些蛹中含有苍蝇寄主的腿和刚毛碎片，而黄蜂并不吃这些东西。

人们发现这些拟寄生虫属于四种从前未知的类型，这是本次发现的额外收获。人们根据它们的爆裂行为将其中两个新物种命名为复生异形蜂（*Xenomorphia resurrecta*）和汉氏异形蜂（*Xenomorphia handschini*），以电影《异形》中胸部爆裂的异型外星人命名。显然，研究人员很有幽默感。

令人好奇的是，这些蛹是在什么情况下保存下来的。就像今天一样，尸体腐烂的臭味可能吸引了苍蝇，它们会在上面产卵。卵孵化成蛆虫，蛆虫在进入最后的成年前形态（蛹）之前吃掉宿主的肉。在这个阶段，雌性拟寄生蜂会用针状的产卵器刺穿柔软的蛹，注入一个卵。然后，每只蛹都被发育中的黄蜂幼虫吃掉。这些幼虫长为成虫，展开翅膀，期待着破茧而出。它们在那个阶段（在离开苍蝇宿主之前）浸在富含磷酸盐的水中，这最终导致了它们石化。在这些古老的苍蝇蛹出土时，收藏家们可能做梦也想不到，这些看似普通的化石在未来会带来如此不同寻常的发现。

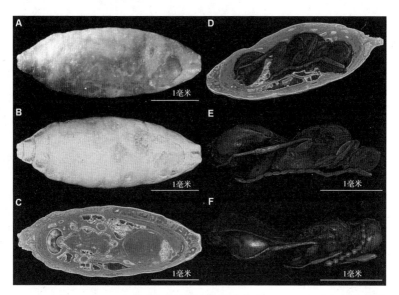

图片由托马斯·范德坎普（Thomas Vandekamp）提供

图 5.12

图片（A）（B）和（C）是苍蝇寄主蛹；图片（D）和（E）是同样的蛹，展现了宿主体内发育良好的雄性寄生蜂（复生异形蜂）的特殊细节，保留了折叠的翅膀；图片（F）是一只展翅的雌性寄生蜂。

图 5.13　被判死刑的宿主
一只成年雌性复生异形蜂用针状产卵器在一只正在发育的蝇蛹内注射卵。

恐龙肿瘤

　　人体是一个极其奇妙复杂的机器，由超过 30 万亿个细胞组成。当新细胞取代旧细胞时，它们可能会以一种不正常的、不可控的方式生长和繁殖，甚至形成肿瘤。对很多人来说，"肿瘤"就是癌症的同义词。但肿瘤之间也存在着差别。肿瘤可能是良性的，即非癌性的，一般无害。也可能是恶性的，即癌性的，可能致命。癌症以多种方式影响着所有人，这绝对是世界上最令人讨厌的词汇。我们很容易将这些致命疾病与人类联系在一起。但现代动物也会患上肿瘤并死于癌症，恐龙也不例外。

　　各种类型的骨肿瘤影响着人类和动物，也会产生独特的病变。与恐龙的骨骼进行相同特征的比较，古生物学家可以检测和诊断特定类型的肿瘤。这种情况也极其罕见，只有少数肿瘤类型可以确认。

　　医学教授、脊椎动物古生物学家布鲁斯·罗斯柴尔德（Bruce Rothschild）带领的团队所取得的发现，便属于这种罕见的情况。谈及恐龙古病理学领域，罗斯柴尔德绝对算得上"活字典"了。因为他花了几十年的时间研究关于化石中的疾病，并且撰写相关论文。2003 年，就在罗斯柴尔德等人诊断出第一个恐龙肿瘤的几年后，为进一步寻找证据，他们对来自 700 多个个体的 10000 多块恐龙椎骨进行了 X 光检查。研究人员选择了不同时期的各种恐龙，样本涉及每个主要群体的成员，如剑龙（*Stegosaurus*）、梁龙（*Diplodocus*）和暴龙（*Tyrannosaurus*）。有 29 个个体被发现患有肿瘤，而且很奇怪，所有的患病处都是尾椎。患病样本都属于鸭嘴龙。这些是一群常见的植食动物，生活在大约 6600 万年至 8500 万年前的白垩纪晚期。它们过着大规模的群居生活，繁衍兴旺。

大多数肿瘤出现在体型足有校车大小的鸭嘴龙亚科恐龙埃德蒙顿龙（*Edmontosaurus*）上，其中一个确认患有转移性癌症。这种癌症也被称为继发性癌症，在身体的某个部位形成，而后扩散到骨骼上。因此，这只埃德蒙顿龙受到了来源不明的原发性癌症的影响，并因癌症晚期死亡或濒临死亡。

除了鸭嘴龙，只有其他四种恐龙确定患有肿瘤。其中两例来自犹他州和科罗拉多州，是侏罗纪岩层中记录下的零星的恐龙骨骼，身份难以识别。科罗拉多州的标本也是一个罕见的转移性癌症的案例，并且是第一个确诊的恐龙案例（诊断结果由罗斯柴尔德及其团队出具）。还有一个有趣的案例来自巴西的白垩纪岩层，是一个巨大的泰坦巨龙类蜥脚类恐龙的尾椎。在它身上发现了两种不同类型的良性肿瘤（骨瘤和血管瘤）。2020 年，研究人员在加拿大白垩纪采集到了一只尖角龙（*Centrosaurus*），并在这只角龙的腓骨中发现了一种侵袭性的骨肿瘤癌症（骨肉瘤）。在阿根廷白垩纪岩层采集到的巨龙类博妮塔龙（*Bonitasaura*）股骨和中国侏罗纪岩层的剑龙类巨棘龙（*Gigantspinosaurus*）的股骨中，也发现了其他疑似肿瘤的东西。

　　根据肿瘤的大小和位置可以判断，这些肿瘤可能会引起一些不适，甚至可能会引起严重的疼痛。在尖角龙的癌症晚期，肿瘤会出现严重的副作用。在一件原始鸭嘴龙类特兰西瓦尼亚沼泽龙（*Telmataurus transsylvanicus*）的标本中，人们发现了一种肿瘤，这种肿瘤十分明显，可能会影响到个体的生活。该化石包括一对保存完好的带牙齿的下颌，因采集自罗马尼亚特兰西瓦尼亚的哈采格盆地的西比塞尔河畔而得名。

　　这只恐龙面部畸形，患有一种非常罕见的良性肿瘤，名为成釉细胞瘤，化石记录中首次出现该病例。在人体内，这种侵袭性肿瘤通常生长缓慢，出现于臼齿和智齿附近的颌骨中（通常是下颌），由形成牙釉质的细胞发展而来。在某些情况下，它会导致颌骨剧烈疼痛，牙齿移位，波及范围甚广，以至于面部形状可能会出现巨大变化。沼泽龙的肿瘤位于左下颌，表现为一个突出的骨质隆起，并具有独特的肥皂泡网状内部结构。这就是典型的成釉细胞瘤。

　　这件标本大约是已知最大的沼泽龙标本的一半大小，死亡时还没有完全成年。不幸的是，由于化石保存不完整，死因无法确定。然而，尽管成釉细胞瘤是良性的，但其不受控的生长可能引起严重的并发症，也许会导致身体衰弱，这些并发症很可能导致这只年轻的沼泽龙死亡。因此，虽然肿瘤还没有发展到惨不忍睹的规模，但与其他健康的恐龙对比来看，肿瘤患者十分显眼，被其他恐龙有意无意地孤立。在现代环境中，如果存在可选择的余地，食肉动物通常会优先攻击未成年群体、老

图 5.14 恶性肿瘤患恐龙画像

一只患有成釉细胞瘤的特兰西瓦尼亚沼泽龙，左下颌明显增大。

年群体和弱者群体，而非成年群体。在一个案例中，一种被称为贼鸥的食肉海鸟就以畸形南极企鹅雏鸟为猎物（"畸形"指那些雏鸟明显生病了或与众不同）。

数百万年来，在人类和其他动物身上出现的肿瘤、癌症和类似疾病其实早已困扰着恐龙和各种史前物种。了解现生物种如何应对和处理这些病痛的副作用，有助于揭示更多关于这些早已灭绝的动物的生活和行为信息。

化石"屁"

胀气、排气、放屁，这是再正常不过的生理现象。人们都会放屁，而且会放很多屁，有时甚至可以把一个房间的人都熏跑。这种气体在消化过程中产生，一般在胃和／或肠道中形成，并从肛门释放出来。屁的气味和频率因个人的饮食、健康状况和肠道菌群而异。虽然我们倾向于认为放屁是人类特有的行为，但实际上许多动物也会放屁，我的狗就能做证。这样看，动物们放屁的历史肯定已有数百万年了。

你可能会想，你在说什么呢？我们怎么可能回到史前世界去找远古动物放屁的证据？有这种想法当然也很正常。既然你已经开始思考化石屁了，这么说好像怪怪的，但假设你联想到了恐龙，现在是不是对君王暴龙是否放屁充满了好奇。好吧，考虑到 1 万多种鸟类（兽脚类动物）都不会放屁，我们暂且可以假设暴龙可能也不会放屁。不过不必失望，像巨型蜥脚类恐龙和鸟臀目恐龙（鸭嘴龙、剑龙、角龙等）这种植食性恐龙，就像今天的大型植食动物一样，经常需要排出气体。我们从化石中得到的唯一的关于化石屁的直接证据来自琥珀中的昆虫，它们比恐龙小得多，但同样令人充满好奇。

是的，昆虫会放屁。不过，不是所有的昆虫都会放屁。在肠胃气胀专业人士研究过的动物中有一种珠状草蛉（*Lomamyia latipennis*），它们是一种致命的放屁动物。这种草蛉幼虫会在白蚁面前放屁。乍听起来可能并没有那么危险。但在草蛉幼虫放屁几分钟后，白蚁会因有毒的气体爆炸而瘫痪，草蛉幼虫便可以开始享用由此捕获的猎物。

昆虫是琥珀中最常见的动物。昆虫被从树上渗出的黏树脂困住，形成琥珀，它们的各种行为被实时捕捉，包括各种形式的交配、觅食和寄生行为等。琥珀中也经常出现气泡，这有时与昆虫有关，通常位于它们的翅膀或腿下面。在大多数情况下，气泡意味着古老的空气，树脂沿着树干流下，这些空气被吸收到树脂中，有些空气则是昆虫在降落或挣扎着逃离树脂时灌入的。

在极少数情况下，由于放屁，气泡会直接从昆虫的直肠中逸出。昆虫肛门处存在气泡，昆虫的保存状况完好，并未发生任何一般分解，这些证据都可以支持这一解释。尽管这种情况很罕见，但波罗的海（始新世，距今 4400 万至 4900 万年）和多米尼加（中新世，距今 1600 万至 2000 万年）的琥珀中都出现了许多明确的例子。这些琥珀中含有白蚁、蟑螂、蚂蚁、蜜蜂、甲虫和苍蝇，它们都在排出气体。还有人称一些气泡中含有屁中的气体成分，如甲烷和二氧化碳。

发现数百万年前的化石屁无疑是件趣事，但它的意义却不止于此。虽然这些特殊的昆虫一定是在准备释放气体之前便被困住了，但它们不一定是在放屁。有可能是这些昆虫被困在树脂中并死亡后，那些极小的微生物在肠道内继续存活了几秒钟，继续消化了动物的最后一餐。这就解释了为什么会有气体排出（像是一个屁），产生气泡。已知有几种现生昆虫也会出现类似的食物分解和死亡后释放气体的现象。白蚁便是其中一员，它们有大量的肠道微生物，其中许多是厌氧的。琥珀中甚至还会出现身体膨胀的白蚁，由于树脂太厚或是肛门堵塞，气体积聚无法逸出。

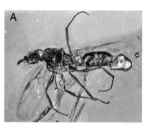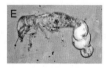

本组图片由乔治·波纳尔（George Poinar）提供

图 5.15　肛门中有气泡溢出（胀气）的昆虫
（A）展翅的蚂蚁；（B）4000 万年前的波罗的海琥珀中保存下来的雌性吸血黑蝇；（C）蠼螋；（D）工蚁；（E）白蚁中的工蚁身上出现了三处胀气；（F）无刺的蜜蜂。（A）（B）（C）（D）（E）（F）中的昆虫保存在多米尼加琥珀中。

图 5.16 时间定格

黏黏糊糊的树脂从一棵针叶树的树干上滴落，一路捕捉着昆虫，
包括一只倒霉的气胀的白蚁。

这些石化的放屁者捕捉到了化石记录中最不可能被保存下来的一种行为。它们提供了昆虫与肠道微生物存在关联的间接证据，是一种互惠的共生关系。最古老的能够证明昆虫及其体内的微生物埋藏在琥珀中的直接证据，可以追溯到至少 9900 万年前。这些化石可以证实史前昆虫的肠道是由于微生物活动而排出了气体，就像如今的昆虫和其他动物（包括人类）的情况一样。这些发现赋予了"沉默而致命"这个词语全新的含义，是来自数百万年前的解读。

恐龙的尿液

等一下，上一节刚刚讲了化石屁，现在要讲恐龙尿了。你肯定以为我在开玩笑吧？

诚然，恐龙会小便的想法听起来更像是古生物学界一种奇怪（又很典型的）的对话。但我向你保证，这是有科学依据的。毕竟恐龙也需要尿尿，所以我们自然也会找到这种常见行为的证据。

我们知道粪化石，但也有化石尿液。可能看起来很奇怪，但在适当的条件下，小便的印记可以像其他痕迹一样变成化石。这种古代痕迹化石在希腊语中称为"*urolite*"，字面意思是"尿化石"。关于恐龙尿石的第一份报告来自古生物学家凯瑟琳·麦卡维尔（Katherine McCarville）和盖尔·毕肖普（Gale Bishop）的研究。他们的发现在 2002 年举办的一次专业古生物学会议上引起了轰动。

用他们二人的话说，他们发现的是一个"浴缸形状的洼地"，周围有数百条恐龙足迹，位于科罗拉多州拉玛尼镇南部的珀加图瓦尔河沿岸。那里是一个著名的恐龙足迹化石点，在侏罗纪晚期是一个湖岸，有 1.5 亿年历史，布满了无数蜥脚类恐龙和兽脚类恐龙留下的足迹。这个不寻常的凹陷大约 3 米长，1.5 米宽，25—30 厘米深。为了复制这种痕迹，麦卡维尔和毕肖普进行了实验，让水流穿过沙子，产生了类似的飞溅印记。在产生痕迹的现场没有任何迹象表明，有水可能从悬崖或其他地方掉落。因此，他们推测这种由液体造成的大面积凹陷的唯一解释，是有恐龙在此排尿，很可能是如梁龙这种蜥脚类恐龙。

有些人可能会说，由此推断这是恐龙尿液留下的痕迹过于牵强。事实上，关于这种所谓的恐龙尿化石的研究有待正式发表。在 2004 年，两个较小的、椭圆形的尿化石得到了详细的描述。它们出土于巴西的巴拉那盆地（圣保罗州）的一个采石场。这些标本来自大约 1.3 亿年前的白垩纪早期岩层，在一个沙丘沉积化石中被发现，周围还有兽脚类和鸟脚类留下的痕迹。

这两种痕迹都有一个明显的火山口状坑，液体首先在那里大力冲击了干燥的沙子，而后沿着一个平缓的斜坡流下，留下波纹状的流线。为了解这些化石结构是如何形成的，马塞洛·费尔南德斯（Marcelo Fernandes）带领的研究小组进行了一个简单的实验，将 2 升水从 80 厘米的高度倒在了松散的沙地上，得到了与化石中类似的结构。

　　为了进一步证明他们的发现，该小组将这些痕迹与鸵鸟（最大的历史悠久的现生动物）产生的痕迹进行了比较。在这一点上需要注意，鸟类不像我们一样会小便，它们体内的液体和固体废物都由泄殖腔排出。鳄鱼也有泄殖腔，甚至在鹦鹉嘴龙的一个极其罕见的标本中也被发现有泄殖腔（由包括本书插图作者在内的团队首次鉴定）。尽管许多鸟类会同时排出所有的废物，但鸵鸟和其他鼠类在排出粪便之前会先排出尿液。鸵鸟在泥土中留下的有力的尿液痕迹与化石结构相吻合，这极大地支持了这些史前痕迹是由恐龙在沙地上排尿形成的观点。

本组图片由马塞洛·阿多纳·费尔南德斯（Marcelo Adorna Fernandes）提供

图 5.17

（A）巴西巴拉那盆地的一块恐龙尿化石。火山口状的坑，是尿液最先冲击地面的地方，并留下了波纹状的痕迹；（B）现代鸵鸟的尿液有力地撞击着地面。

图 5.18　巨兽小便

梁龙喷出大量的尿液，引发了一小群名为夫鲁塔齿龙（*Fruitadens*）的小型恐龙的集体恐慌。为了确保自己的生命安全，它们纷纷逃往安全地带。

找到正在小便的恐龙化石，不能说是"不可能"，但至少可以说其概率相当渺茫。因此除了观察鸟类，像这样的尿化石可能是我们能找到的最接近正在小便的恐龙的东西了。

最后，我还想到了大象小便（和大便），以及这对于巨大的蜥脚类恐龙意味着什么。你可以想象一下，如果你是一只小动物，不幸站在其中一只巨兽小便处的正下方，"首当其冲"，会是什么样子。最糟糕的情况，可能会因此丧命？天啊……

致　谢

迪安·洛马克斯：

我的母亲安妮·洛马克斯（Anne Lomax）一直是我事业上最大的支持者。她为我牺牲了很多，不断给予我关爱和支持。从我对恐龙痴狂的童年到如今的事业，她对我人生路上的每一步都予以鼓励。然而令人痛心的是，就在我撰写本书期间，母亲去世了。她是最善良、最美好、最慷慨的人，是最完美的妈妈。母亲没有上过大学，我们家每个月的钱只够勉强糊口，但她还是倾尽所有资助我和弟弟妹妹的事业。她总是想花时间和家人待在一起，逗我们开心，为所有人创造快乐的回忆。我为能拥有这样的母亲而感到无比自豪。

我职业生涯的每一步都有母亲的陪伴。在我踏上决定职业生涯的怀俄明州之旅时，她向我挥手告别，后来她在我的签售会上帮忙，再后来又见证了我在 2019 年获得博士学位。她尽可能多地参加我的活动，听我的公开演讲，帮忙宣传我出版的作品。当我出现在电视和广播上时，她会赶紧告诉自己所有的朋友。她甚至会和我一起去寻找化石。再多的话也表达不出我对她的思念。

我所取得的一切成就都要归功于我的母亲。如果没有她，就不会有我的今天。这本书是献给你的，妈妈。谢谢你，你是如此伟大。我爱你。

对于我的其他亲人们，感谢你们一直以来的爱与支持，感谢你们在我写本书期间给予我的包容，谢谢你们：乔伊斯·莱特福特（Joyce Lightfoot）；斯科特（Scott Lomax）和肯·洛马克斯（Ken Lomax）；朱莉（Julie）、马克（Mark）、奥利维亚（Olivia）和弗莱彻博伊尔斯（Fletcher Boyles）；里斯·戴维斯（Reece Davies）和娜塔莉·特纳（Natalie Turner）。我要特别感谢娜塔莉，她帮我编辑了本书的初稿并对其给出了建议，对我所做的一切都给予了莫大的支持。

我要真诚地感谢我的好朋友，同为古生物学家的杰森·谢伯恩（Jason Sherburn），他热心地帮我承担了审阅工作并提供了宝贵的意见，为这本书锦上添花。他也恰好是我们的古生物学播客《论化石记录》（On the Fossil Record）的联席主持人。我亲爱的朋友和同事奈杰尔·拉金（Nigel Larkin）、朱迪·马萨雷（Judy Massare）和马特·霍姆斯（Matt Holmes），在过去 10 年中能够认识你们并与你们一起工作是我职业生涯中莫大的荣幸。感谢你们为我所做的一切。

当然，不能忘了我在怀俄明州恐龙中心的好朋友和同事，是他们给了那个来自英国唐卡斯特的 18 岁的恐龙迷一个机会，让他的梦想变成现实。正是 2008 年的第一次怀俄明州之行奠定了我未来事业的基石，让我有机缘研究鲨的死亡旅程，激发了本书的创作灵感。

还要感谢维多利亚·阿伯（Victoria Arbour）和斯宾塞·卢卡斯（Spencer Lucas），还有一位不愿透露姓名的书评人，他们的评论十分中肯，不吝赞美，还为这本书提供了一些极有价值的建议。

本书以古生物学家们数年来孜孜不倦的研究为基础，是许多人辛勤付出的结晶。我要感谢你们每个人。感谢你们对这份工作的执着和热爱，让这些非凡的化石能够重见天日。我要特别感谢亚瑟·布考特（Arthur Boucot）的付出，他将学术生涯的大部分时间都献给了钻研和整理化石行为的研究。1990 年，亚瑟针对那些记录了生物体行为的化石首次提出了"冻结行为"这一术语。

非常感谢以下人士：保罗·巴雷特（Paul Barrett）、小马尔科姆·贝德尔（Malcolm Bedell Jr.）、迈克·本顿（Mike Benton）、罗伯特·博塞内克（Robert Boessenecker）、丹尼尔·布林克曼（Daniel Brinkman）、史蒂夫·布鲁萨特（Steve Brusatte）、马库斯·比勒（Markus Bühler）、史蒂夫·埃奇斯（Steve Etches）、迈克埃·弗哈特（Mike Everhart）、安迪·法克（Andy Farke）、马塞洛·阿多纳·费尔南德斯（Marcelo Adorna Fernandes）、布莱恩·费尔南多（Brian Fernando）、海因里希·弗兰克（Heinrich Frank）、马克·格雷厄姆（Mark Graham）、安

吉·盖恩（Angie Guyon）和怀俄明恐龙中心、李和阿什利庄园、埃莉哈里森（Ellie Harrison）、罗尔夫·霍夫（Rolf Hauff）、戴夫·霍恩（Dave Hone）、伊莱恩·霍华德（Elaine Howard）、雷贝卡·亨特·福斯特（ReBecca Hunt-Foster）、吉姆·柯克兰（Jim Kirkland）、阿迪尔·克隆普梅克尔（Adiël Klompmaker）、杰西卡·利平科特（Jessica Lippincott）、克里斯汀·麦肯齐（Kristen MacKenzie）、苏西·梅德蒙特（Susie Maidment）、安德里亚·马歇尔（Andrea Marshall）、托尼·马丁（Tony Martin）、利维·莫罗（Levy Morrow）和凯利·莫罗（Levy and Kelly Morrow）、达伦·内什（Darren Naish）、约翰·纳兹（John Nudds）、康尼·奥康纳（Conni O'Connor）、埃尔莎·潘西罗利（Elsa Panciroli）、苏珊·帕斯莫尔（Susan Passmore）、大卫·彭尼（David Penney）、约翰·皮克雷尔（John Pickrell）、尼克·皮恩森（Nick Pyenson）、约翰·罗宾逊（John Robinson）、安德鲁·罗西（Andrew Rossi）、斯文·萨克斯（Sven Sachs）、罗斯·塞科德（Ross Secord）、汤姆·西蒙（Tom Sermon）、利维·辛克尔（Levi Shinkle）、亚伦·史密斯（Aaron Smith）、克里斯·特史密斯（Krister Smith）、汉斯·迪特苏斯（Hans-Dieter Sues）、乔恩·坦南特（Jon Tennant）、迈克·特里博尔德（Mike Triebold）、曾杰克（Jack Tseng）、比尔·瓦尔（Bill Wahl）、贝蒂·威瑟斯和沃伦·威瑟斯（Betty and Warren Withers）、马克·威顿（Mark Witton）、西部内陆古生物学学会（WIPS）和周忠和，感谢你们抽出宝贵时间与我分享你们的研究和发现，

给我支持和鼓励，为我提供资料和素材，帮助我完成本书。我也由衷感激给我授权，同意我在本书中使用他们图片的人。十分感谢！

最后，郑重感谢我的朋友，才华横溢的鲍勃·尼科尔斯，他是一位全能的天才艺术家和科学家，他的插画为化石、化石故事和本书注入了生命。

鲍勃·尼科尔斯：

出版本书是迪安的主意，所以首先我要感谢他邀请我参与其中。我从事古生物重建艺术的契机是在小时候。那时我在书中看到了史前动物插图，对它们"一见钟情"，也希望在书架上看到自己的作品。过去 20 年，我以画这些死亡的动物为生，作品出版带来的幸福感从未减少。这本书的意义也很特别。因为这是我第二次有幸担任一本书唯一的插画家。这个项目是我职业生涯中精彩的一笔。所以我要说"谢谢你，迪安"，希望以后会和你进行更多合作！

我叫鲍勃·尼科尔斯，是个工作狂。我的工作量极大，每天都在画画和建模，不分昼夜。于我而言，睡觉这种事只会耽误工作。我的妻子维多利亚（Victoria）忍耐力惊人，居然可以体谅、忍受我这种毫不理性的狂热行为。我非常感谢她能够容忍我对于古生物艺术的痴迷。但要说最感谢的，还是她在杜德尔门海滩上答应了我的求婚。谢谢你，维多利亚，你是最棒的妻子。

感谢我的女儿们，达西（Darcey）和霍莉（Holly），你们把我的每一天都变成了疲惫却快乐的游戏时间。你们让我的每一天都过得幸福快乐。只要听到"爸爸抱"，我就会暂停工作拥抱你们。我希望这本书能够成为你们的骄傲，希望你们也会把它带到学校去跟其他小朋友展示讲解。

我独自工作，不断地用世界各地数百名科研人员的专家出版物来重建我的主题。如果不是他们的奉献精神和专业精神，我就无法为早已灭绝的生物绘制出符合最新科学依据的插图。要感谢的人太多了，德恩·奈许（Darren Naish）、马克·维顿（Mark Witton）、斯科特·哈特曼（Scott Hartman）、葛瑞格利·保罗（Gregory Paul）和雅各布·文瑟（Jakob Vinther）的论文和书籍都对我产生了极大的影响。所有事业刚刚起步的古生物艺术家们，请好好地在这个领域中耕耘吧。

感谢我的父母所做的一切，感谢你们一直以来的付出。你们大力支持我的事业，而我所热爱的工作也让我的生活变得美好。本书中的插图都是献给你们的礼物。

最后，感谢我们了不起的经纪人阿里拉·费纳（Ariella Feiner）和莫莉·杰米森（Molly Jamieson）。谢谢你们能够听取两位热情的古生物学怪才的想法，引我们前行，为我们保驾护航，让这本书顺利出版。我们万分感谢米兰达·马丁（Miranda Martin）和哥伦比亚大学出版社的所有人，感谢你们的支持和鼓励，感谢你们给了我们如此愉快的出版体验。

扫码获取

本书文献资料